三峡水库

高水位运行期水生态环境
特征研究

余明星　邱光胜　孙志伟　苏　海　等 / 著

中国环境出版集团·北京

图书在版编目（CIP）数据

三峡水库高水位运行期水生态环境特征研究/余明星等著.
—北京：中国环境出版集团，2023.11
ISBN 978-7-5111-5628-0

Ⅰ. ①三… Ⅱ. ①余… Ⅲ. ①三峡水利工程—水环境—生态环境—研究 Ⅳ. ①X143

中国国家版本馆 CIP 数据核字（2023）第 183945 号

出 版 人　武德凯
责任编辑　雷　杨
封面设计　宋　瑞

出版发行　中国环境出版集团
　　　　　（100062　北京市东城区广渠门内大街 16 号）
　　　　　网　　　址：http://www.cesp.com.cn
　　　　　电子邮箱：bjgl@cesp.com.cn
　　　　　联系电话：010-67112765（编辑管理部）
　　　　　发行热线：010-67125803，010-67113405（传真）
印　　刷　北京建宏印刷有限公司
经　　销　各地新华书店
版　　次　2023 年 11 月第 1 版
印　　次　2023 年 11 月第 1 次印刷
开　　本　787×960　1/16
印　　张　15.75
字　　数　320 千字
定　　价　98.00 元

内容简介

　　本书基于国家水体污染控制与治理科技重大专项课题成果，结合大量翔实的三峡水库长系列水生态环境实地调查监测资料，进一步研究了三峡水库高水位运行期（2011—2015 年）的水生态环境特征，并针对有关问题提出了保护管理对策建议。全书客观地评价了三峡水库高水位运行期干支流水质、水生生物、富营养化和水华暴发状况并分析了演变特征，全面研究和评估了三峡水库微量有机物、藻毒素、饮用水水源地水质污染特征及水源地水质安全状况，为后续长期深入和持续开展三峡水库水生态环境演变规律研究提供有价值的科学依据，并为三峡水库水生态环境保护与管理提供有益的技术支撑。

　　本书可供高等院校环境科学领域相关师生、环境类科研机构研究人员、环境类事业单位监测评价人员以及政府机构环境管理人员参考；也可供关心并关注三峡工程生态环境影响以及三峡水库管理与保护的相关环保组织人士工作或学习参考。

编 委 会

主　编：余明星

副主编：邱光胜　孙志伟

编写组：余明星　苏　海　黄　波　余　达

　　　　张　琦　邱光胜　孙志伟

三峡工程是治理长江和开发利用长江水资源的关键性骨干工程，具有防洪、发电、航运、供水等巨大的综合效益，是当今世界上规模最大的水利枢纽工程和综合效益最广泛的水电工程。1994 年 12 月 14 日三峡工程正式开工，2003 年三峡工程开展了 135 m 蓄水，2006 年完成了 156 m 蓄水，2008 年汛末开始实施正常蓄水位 175 m 试验性蓄水，最高蓄水位达到 172.80 m。2009 年继续开展 175 m 试验性蓄水，最高水位达到 171.43 m。2010 年三峡工程首次实现了 175 m 蓄水目标，2011—2019 年连续 9 年蓄水至最高水位 175 m。2020 年完成了 175 m 蓄水目标后，2020 年 11 月 1 日水利部、国家发展改革委公布，三峡工程完成整体竣工验收，三峡工程建设任务全面完成，发挥防洪、发电、航运、水资源利用等综合效益。

三峡工程的建设在一定程度上改变了长江的水文情势，是生态环境改变的重要诱因之一。三峡工程对生态环境的影响有利有弊，对库区及其长江中下游和河口地区的生态环境均会产生不同程度的影响。由于涉及的因素众多，涉及的问题相互渗透，因而关系复杂，利弊交织。三峡水库是三峡工程建成蓄水后形成的水体，是世界上规模最大的峡谷河道型水库，也是我国最大的战略性淡水资源库。由于三峡工程对生态环境的影响具有复杂性和长期性，涉及面较广、影响因素较多，其受关注较高，是国内外其他水电工程难以比拟的。能否确保三峡水库优良水生态环境质量也是评判三峡工程成败的关键。三峡工程蓄水以后，三峡库区江段由天然河道变成水库，使长江干流及诸多支流水文特征发生重大变化。随着水库水位的抬高，库区河道拓宽、加深，水流速度明显减缓，污染物的稀释和扩散等受到了一定影响，水质是否会变差一直是公众关注的核心。围绕三峡工程的生态环境研究一直没有停止，国家先后组织开展了众多的重大科研课题进行攻关研究和评估，在三峡工程建设和运行的过程中，不断深化和总结对三峡库区和三峡水库的生态环境影响，虽然取得了一系列重大成果，但三峡工程对长江水文情势的影响较为显著，三峡水库水生态环境的变化也需要持续跟踪和评估，根据不断获得的新的观测数据和资料，对比历史情况持续分析，发现新的特征并总结三峡水库演变规律，提出了有效的保护措施，以更好地服务于三峡水库管理，并为同类型的水利水电大型项目提供生态环境保护经验。

掌握三峡水库水生态环境的变化过程，分析其内在特征，是开展三峡水库水生态环境保护与治理的首要基础工作。三峡水库经历了十多年的初期运行，经历了 135 m、156 m、175 m 不同时期运行水位，在不同水位下水生态环境具有不同特点。特别是 2010 年以后，达到了水库正常蓄水位运行时所能达到的 175 m 最高蓄水位高度，其水生态环境特征和变化具有重要的研究意义，对水库正常运行下水生态环境的管理具有重要参考价值，也是深入认识三峡水库蓄水运行后长期变化的一个重要历史阶段。以 2010 年为节点，从 2011 年起三峡水库的年均运行水位均高于 135 m 蓄水阶段和 156 m 蓄水阶段，三峡水库的水位抬升到达一个新阶段，对三峡水库的水生态环境产生了新的影响。从年际时间尺度上看，2011 年以后三峡水库运行水位高于以前年份水位，从年内尺度上看，每年的 11—12 月水位高于 7—9 月水位。高水位期水库淹没面积较大，回水范围较广，水库水生态环境面临的不确定性因素较多，水生态环境风险较大。与此同时，国内外其他能够达到像三峡水库 175 m 蓄水位高度的水库较少。因此，关于高水位蓄水运行水库的水生态环境影响研究和可供借鉴的经验较少，需及时总结和研究三峡水库高水位期水库水生态环境质量状况和变化，积累这一重要变化时期的水生态环境影响数据，研究演变规律，比较过去，指导未来，为三峡水库水生态环境保护和水安全提供决策依据。

基于"十二五"国家水体污染控制与治理科技重大专项研究课题（2012ZX07104-001）的相关研究成果，结合在三峡水库长期开展的有关专项调查和日常监测工作，该书进一步系统深入总结了三峡水库高水位运行期（2011—2015 年）这一重要时期的全面水生态环境状况，分析了三峡水库高水位运行期水生态环境特征，弥补了国内外在研究三峡水库高水位运行期水环境、水生态和水安全方面专题论著的空缺和不足，为三峡水库水生态环境演变规律研究提供参考，并为三峡水库水生态环境保护与治理提供依据。

该书在总结和推动深入认识三峡水库高水位运行期水生态环境特

征方面，重点有以下几方面贡献：一是阐明了三峡水库高水位运行期水质、水生生物、富营养化现状和变化，研究得出三峡水库水环境主要影响因子，提出了主要的控制性污染物；二是详尽调查了重点支流水域藻类以及水华暴发状况，开展了藻毒素监测分析，科学评估了三峡水库富营养化和水华发生相互影响关系；三是通过开展三峡库区主要饮用水水源地的调查和监测，从常规水质、微量有机物、藻毒素等指标方面综合评价了三峡库区饮用水水源地的水质安全；四是针对三峡水库高水位运行下出现的水生态环境问题，提出了减缓不利水生态环境影响的措施建议。此外，本书还回顾了三峡工程的建设历程，通过整理，全面介绍了三峡水库和三峡库区的基本概况，深入分析了三峡水库不同蓄水期运行特征，梳理了三峡工程带来的生态环境影响和研究进展，指出了开展三峡水库高水位运行期水生态环境特征研究的背景和意义。

全书共分为 10 章，各章节编写情况如下：第 1 章，介绍了三峡工程基本情况。回顾了三峡工程兴建历史和建设历程，并重点概述了三峡工程 135 m、156 m、175 m 若干重要蓄水阶段，明确了三峡工程改变长江水文情势的重要时间节点，从蓄水位分阶段抬升直至达到 175 m 正常蓄水位的角度，帮助理解高水位的概念，由苏海编写。第 2 章，介绍了三峡水库及三峡库区基本情况，包括三峡水库和三峡库区的地理位置、范围、水库特性、库区自然地理和社会经济状况，重点介绍了水库的"蓄清排浑"和"反季节调节"的运行特征，从另一个角度帮助理解高水位的概念，由张琦编写。第 3 章，介绍了研究背景、由来、必要性和成果贡献。回顾了三峡工程前期和近期对生态环境的影响及预测研究成果，重点分析了对三峡水库水生态环境的影响论证情况，提出了开展高水位期三峡水库水生态环境研究的必要性，同时指出了本书的研究基础、由来及取得的新进展和贡献，由黄波编写。第4章，介绍了研究方法与技术路线。主要包括总体研究思路、调查和监测工作开展情况、评价和分析方法，展示了研究脉络，由余明星和苏海编写。第5章，介绍了三峡水库高水位运行期水质特征分析研究成果。从三峡水库干支流两个角度，分别评析了高水位期各年度水质状况，开展了年度间和月度间以及不同蓄水期和不同调度期水质的状况比较，分析了主要污染物和超标情况，全面总结了高水位运行期三峡水库的水质特征，由余明星编写。第6章，介绍了三峡水库高水位运行期水生生物特征分析研究成果。从三峡水库干支流两个角度，分析了浮游植物和浮游动物在高水位运行期的种群和数量特征，由张琦编写。第7章，介绍了三峡水库高水位运行期支流富营养化及水华发生特征分析研究成果。三峡水库富营养化和水华现象，主要发生在支流。对高水位运行期支流年度富营养化程度进行了评价和对比分析，对发生水华的支流进行了统计分析，由黄波编写。第8章，介绍了三峡水库高水位运行期典型有机污染物及藻毒素含量分布特征。在叙述了三峡水库高水位运行期干支流有机农药、多氯联苯、多环芳烃以及藻毒素调查监测情况的基础上，分析了其含量特征，评价了其浓度水平，由余达编写。第9章，介绍了三峡水库高水位运行期库区重点饮用水水源地水质安全研究成果。在分析整理了三峡库区重点饮用水水源地基本情况的基础上，对重点水源地开展了常规指标、微量有机物指标和藻毒素含量分析和评价，综合评估了水源地水质安全状况水平，由余达编写。第 10 章，结论及对策建议，由邱光胜和孙志伟编写。余明星负责全书整体架构和书稿统汇，苏海开展了全书校对工作，黄波和张琦进行了全书图件的统一重新绘制，余达完成了全部基础数据与资料的收集归类和整理，最后由邱光胜、孙志伟和余明星对全书进行了审核及定稿。

本书在编写过程中，得到了朱圣清和娄保锋两位教授级高级工程师的悉心指导、无私帮助和大力支持，在此表示衷心的感谢！此外，还特别感谢生态环境部长江流域生态环境监督管理局生态环境监测与科学研究中心（原长江流域水环境监测中心）有关的同事们，感谢大家在本研究中的辛勤付出，承担了大量的调查监测等基础数据获取工作！与此同时，也对课题研究过程中曾给予过大力协作和支持的相关单位同仁表达诚挚的谢意！

由于本书作者水平有限，书中有些内容难免疏漏；此外还有些研究工作尚需要持续关注，并不断深入完善。敬请各位读者朋友们不吝赐教并多多提出宝贵意见和建议！

作　者

2023 年 4 月

目　录

第1章　三峡工程及建设历程 / 1

　　1.1　三峡工程简介 / 1

　　1.2　三峡工程建设历程 / 5

　　1.3　三峡工程蓄水阶段 / 8

第2章　三峡水库及三峡库区概况 / 13

　　2.1　三峡水库概况 / 13

　　　　2.1.1　三峡水库简介 / 13

　　　　2.1.2　三峡水库调度运行特征 / 15

　　2.2　三峡库区概况 / 17

　　　　2.2.1　三峡库区简介 / 17

　　　　2.2.2　三峡库区自然地理状况 / 19

　　　　2.2.3　三峡库区社会经济状况 / 23

第3章　研究背景及由来 / 26

　　3.1　三峡工程生态环境影响评价及预测 / 26

3.1.1 三峡工程的生态环境影响研究历程 / 26

3.1.2 三峡工程的生态环境影响预测 / 27

3.1.3 三峡工程的水生态环境影响 / 31

3.2 三峡水库高水位运行期水生态环境研究的必要性 / 32

3.3 依托的课题及成果贡献 / 34

第 4 章 三峡水库高水位运行期水生态环境研究方法 / 35

4.1 总体研究思路 / 35

4.1.1 研究目的 / 35

4.1.2 研究范围 / 36

4.1.3 研究内容 / 37

4.1.4 技术路线 / 38

4.2 水生态环境调查与监测 / 40

4.2.1 监测断面及点位 / 40

4.2.2 监测参数及分析方法 / 42

4.2.3 质量控制与保障 / 44

4.3 水生态环境质量评价与分析 / 45

4.3.1 干支流水质评价分析 / 45

4.3.2 水生生物评价分析 / 46

4.3.3 富营养化评价分析 / 47

4.3.4 有机污染物评价分析 / 48

4.3.5 饮用水水源地水质安全评价分析 / 50

第 5 章 三峡水库高水位运行期水质特征分析研究 / 54

5.1 三峡水库干流水质特征分析 / 55

5.1.1 干流分年度水质状况评析 / 55

5.1.2 干流水质状况比较分析 / 70

5.1.3 不同水位调度期水质特征分析 / 83

5.1.4 不同历史蓄水期干流水质特征分析 / 91

5.1.5 干流主要污染物分布特征分析 / 99

5.1.6 小结 / 109

5.2 三峡水库支流水质特征分析 / 112

5.2.1 支流分年度水质状况评析 / 112

5.2.2 支流水质状况比较分析 / 125

5.2.3 不同历史蓄水期支流水质特征分析 / 138

5.2.4 支流主要污染物分布特征分析 / 157

5.2.5 小结 / 161

第 6 章 三峡水库高水位运行期水生生物特征分析研究 / 165

6.1 浮游植物分年度种群分布特征分析 / 165

6.1.1 干流浮游藻类分布状况分析 / 165

6.1.2 支流浮游藻类分布状况分析 / 169

6.2 浮游动物分年度种群分布特征分析 / 172

6.2.1 干流浮游动物分布状况分析 / 172

6.2.2 支流浮游动物分布状况分析 / 175

6.3 小结 / 177

第 7 章 三峡水库高水位运行期支流富营养化及水华特征分析研究 / 179

7.1 支流分年度富营养化状况特征分析 / 179

7.1.1 支流富营养化状况评析 / 179

7.1.2 支流富营养化状况比较 / 187

7.2 支流水华发生特征分析 / 190

7.3 小结 / 191

第 8 章 三峡水库高水位运行期有机污染物及藻毒素含量特征分析 / 193

8.1 有机农药含量分析 / 193

8.2 微量有机物含量分析 / 196

8.3 藻毒素含量分析 / 199

8.4 小结 / 199

第 9 章 三峡水库高水位运行期饮用水水源地水质安全调查与评估 / 200

9.1 三峡水库饮用水水源地分布状况 / 200

9.1.1 重庆库区饮用水水源地基本情况 / 200

9.1.2 湖北库区饮用水水源地基本情况 / 204

9.2 三峡水库重点饮用水水源地水质状况调查 / 205

9.2.1 重点饮用水水源地选取及调查监测 / 205

9.2.2 重点饮用水水源地常规指标含量分析及评价 / 206

9.2.3 重点饮用水水源地微量有机物含量分析及评价 / 210

9.2.4 重点饮用水水源地藻毒素含量分析及评价 / 210

9.3 三峡水库重点饮用水水源地水质安全评价 / 211

9.3.1 评价指标、标准及方法 / 211

9.3.2 水质安全评价结果 / 211

第 10 章 结论及对策建议 / 215

10.1 结论 / 215

10.1.1 三峡水库水质变化特征 / 215

10.1.2 三峡水库浮游生物变化特征 / 219

10.1.3 三峡水库富营养化变化特征 / 220

　　10.1.4　三峡水库水华发生特征 / 220

　　10.1.5　三峡水库有机污染物及藻毒素含量特征 / 221

　　10.1.6　三峡水库饮用水水源地水质安全特征 / 221

　10.2　对策建议 / 222

参考文献 / 229

第 1 章

三峡工程及建设历程

1.1 三峡工程简介

长江是中国第一大河，世界第三大河，全长约 6 300 km，流域面积约 180 万 km²，年均入海水量约为 9 600 亿 m³。长江三峡是指长江干流自重庆奉节白帝城至湖北宜昌南津关约 200 km 的河段，自西向东依次为瞿塘峡、巫峡、西陵峡。三峡大坝选定的坝址处于西陵峡中段的三斗坪镇，三峡工程因此而得名（图 1-1 和图 1-2）。

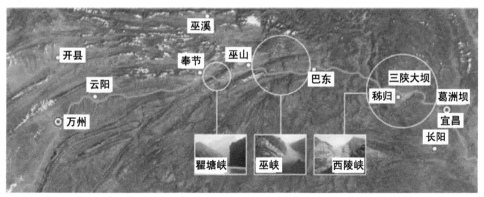

图 1-1 长江三峡与三峡工程空间位置关系

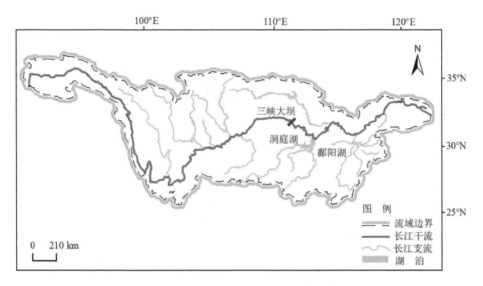

图 1-2 三峡工程地理位置示意图

三峡工程坝址地质条件优越，基岩为完整坚硬的花岗岩（闪云斜长花岗岩），地形条件也有利于布置枢纽建筑物和施工场地，是一个理想的高坝坝址。选定的坝线在左岸的坛子岭及右岸的白岩尖之间，并穿过河床中的一个小岛（中堡岛）。该岛左侧为主河槽、右侧为支汊（称后河）。1919 年，孙中山先生在《实业计划》中即提出了改善川江航运条件，开发三峡水能资源的设想："以水闸堰其水，使舟得以溯流以行，而又可资其水力。"随后有不少人向往开发三峡，并有人做过一些勘察研究。1944 年，美国垦务局设计总工程师、高坝专家萨凡奇来到中国考察了三峡，并提出了最早的开发计划——《扬子江三峡计划初步报告》，认为三峡工程是"天下工程奇迹"，"长江三峡的自然条件，在中国是唯一的，在世界上也不会有两个。"1958 年，周恩来总理召集了 100 多位专家考察三峡坝址。经多次勘测、研究和论证、比选，最终于 1979 年把三峡大坝的坝址选定在三斗坪。凡是到三斗坪坝址查勘过的国内外工程地质专家也都不约而同地称赞三峡坝址是一个难得的好坝址。国际著名工程地质学家的缪勒教授，在查勘了三斗坪坝址后，赞叹地说："三峡坝址是上帝赐给中国人的一个好坝址。"三峡河段水能蕴藏丰富，开发条件优越，地理位置适中，三斗坪几乎集中了国内外高坝坝址的所有优点，是理想的建设之地（《百问三峡》编委会，2012）。

三峡工程是当今世界上最大的水利枢纽工程，具有防洪、发电、航运、水资源配置、节能减排等多种综合效益。三峡工程坝址地处长江干流西陵峡河段、湖北省宜昌市三斗坪镇，控制流域面积约 100 万 km^2。三峡工程是治理和开发长江的关键性骨干工程，主要由枢纽工程、输变电工程及移民工程三大部分组成。三峡水库坝区和大坝平面布置见图 1-3 和图 1-4。

图 1-3　三峡工程坝区实景

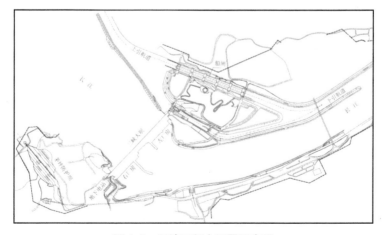

图 1-4　三峡工程大坝平面布置

（1）枢纽工程

枢纽工程为Ⅰ等工程，由拦河大坝、电站建筑物、通航建筑物、茅坪溪防护工程等组成。挡泄水建筑物按千年一遇洪水设计，洪峰流量 98 800 m³/s；按万年一遇加大 10%洪水校核，洪峰流量 124 300 m³/s。主要建筑物地震设计烈度为Ⅶ度。①拦河大坝为混凝土重力坝，坝轴线全长 2 309.5 m，坝顶高程 185 m，最大坝高 181 m，主要由泄洪坝段、左右岸厂房坝段和非溢流坝段等组成。水库正常蓄水位 175 m，相应库容 393 亿 m³。汛期防洪限制水位 145 m，防洪库容 221.5 亿 m³。②电站建筑物由坝后式电站、地下电站和电源电站组成。坝后式电站安装 26 台 70 万 kW 水轮发电机组，装机容量 1 820 万 kW；地下电站安装 6 台 70 万 kW 水轮发电机组，装机容量 420 万 kW；电源电站安装 2 台 5 万 kW 水轮发电机组，装机容量 10 万 kW。电站总装机容量为 2 250 万 kW，多年平均发电量 882 亿 kW·h。③通航建筑物由船闸和垂直升船机组成。船闸为双线五级连续船闸，主体结构段总长 1 621 m，单个闸室有效尺寸为长 280 m、宽 34 m、最小槛上水深 5 m，年单向设计通过能力 5 000 万 t。升船机最大提升高度 113 m，承船厢有效尺寸长 120 m、宽 18 m、水深 3.5 m，最大过船规模为 3 000 t 级。④茅坪溪防护工程包括茅坪溪防护坝和泄水建筑物。茅坪溪防护坝为沥青混凝土心墙土石坝，坝轴线长 889 m，坝顶高程 185 m，最大坝高 104 m。泄水建筑物由泄水隧洞和泄水箱涵组成，全长 3 104 m。

（2）输变电工程

输变电工程承担着三峡电站全部机组满发 2 250 万 kW 电力送出的重要任务，具有向华中、华东和广东电网送电的能力。最终建成的规模为 500 kV 交流变电总容量 2 275 万 kVA，交流输电线路 7 280 km（折合成单回路长度）；±500 kV 直流换流总容量 2 400 万 kVA，直流输电线路 4 913 km（折合成单回路长度）。此外，还包括相应的调度自动化系统和通信系统。

（3）移民工程

移民工程涉及湖北省、重庆市 19 个区县和重庆主城区，共搬迁安置城乡移民

131.03 万人（其中库区移民 129.64 万人，坝区移民 1.39 万人），其中外迁安置 19.62 万人，主要安置到上海、江苏、浙江、安徽、福建、江西、山东、湖北、湖南、广东、四川、重庆 12 个省（直辖市）。库区复建各类房屋 5 054.76 万 m^2，迁建城市 2 座、县城 10 座、集镇 106 座，搬迁工矿企业 1 632 家，还包括专业项目复建、文物保护、生态环境保护、库底清理和地质灾害防治、高切坡防护等工程项目。

1.2　三峡工程建设历程

三峡工程建设采用"一级开发，一次建成，分期蓄水，连续移民"的方案。"一级开发"是指从重庆到三峡坝址之间的长江干流只修建三峡工程一级枢纽。"一次建成"是指工程按合理工期一次连续建成。"分期蓄水"是指枢纽建成后水库运行水位分期抬高，以缓解水库移民的难度，并可通过初期蓄水运行时水库泥沙淤积的实际观测资料，验证泥沙试验研究的成果。"连续移民"则指移民安置在统一规划下分批连续搬迁。工程分三期施工，计划全部工程总工期为 17 年。一期工程及施工准备工程共安排 5 年，1993—1997 年，以大江截流为完成标志。二期工程安排 6 年，以 2003 年第一批机组发电为完成标志，二期工程完成后即可开始通航、发电。三期工程安排 6 年，计划至 2009 年全部竣工（黄真理等，2006）。实际上，三峡枢纽工程从 1993 年 1 月开始施工准备，至 2008 年 10 月右岸电站机组全部投产发电，经过 16 年的努力，除批准缓建的升船机外，提前一年完成初步设计建设任务。

三峡工程从最初设想到动工兴建经历了百余年历程。可以分为 3 个阶段：中华人民共和国成立前的设想阶段、中华人民共和国成立后的规划论证设计研究阶段以及三峡工程建设实施和运行阶段。

1919 年孙中山先生在《实业计划》中提出了在三峡河段修建闸坝、改善航运并发展水电的设想，这是我国兴建三峡工程最早的记载。1932 年，一支长江上游水力发电勘测队在三峡进行了为期约两个月的勘查和测量，编写了一份《扬子江上游水力发电测勘报告》，拟定了葛洲坝、黄陵庙两处低坝方案。这是我国专为开发三峡水力资源进行的第一次勘测和设计工作。1944 年，美国垦务局设计总工程师萨凡奇到三峡实地勘查后，提出了《扬子江三峡计划初步报告》，即著名的"萨凡奇计划"。1945 年，成立了三峡水力发电计划技术研究委员会、全国水力发电工程总处及三峡勘测处。1946 年，当时的国民政府资源委员会与美国垦务局正式签订合约，由该局代为进行三峡大坝的设计；中国派遣技术人员前往美国参加设计工作。有关部门初步进行了坝址及库区测量、地质调查与钻探、经济调查、规划及设计等工作。1947 年 5 月，面临崩溃的国民政府，中止了三峡水力发电计划的实施。

1949 年中华人民共和国成立后，百废待兴，三峡工程受到中国政府的高度重视。三峡工程从 1954 年开始论证，至 1992 年批准兴建，历时 38 年之久。国内的科学界、工程技术界几代人对该工程付出了大量的精力和心血，苏联、美国、加拿大等国不少专家也曾参与了部分工程规划、设计研究与咨询工作。中华人民共和国成立之初的 1949 年，长江流域遭遇大洪水，荆江大堤险象环生，防洪形势严峻。1950 年年初，国务院长江水利委员会正式在武汉成立，3 年后兴建了荆江分洪工程。在对长江上游及其主要支流兴建控制性水库方案进行研究后，发现控制支流水库仍不能解决中下游特别是中游荆江地区的防洪问题。当时就有专家建议修建三峡大坝，首先用来防洪。兴建三峡工程对防止荆江地区发生毁灭性灾害洪水尤其具有不可替代的作用，是对长江中下游防洪最有效的工程。1953 年，毛泽东主席在听取长江干流及主要支流修建水库规划的介绍时，希望在三峡修建水库，以"毕其功于一役"。1954 年 9 月，长江水利委员会《关于治江计划基本方案的报告》中提出三峡坝址拟选在黄陵庙地区，蓄水位拟选为 191.5 m。1955 年起，在中共中央、国务院领导下，有关部门和各方面人士通力合作，全面开展长江流域规划和三峡工程勘测、科研、设计与论证工作。1958 年 6 月，长江三峡水利枢纽第一次科研会议在武汉召开，82 个相关单位的 268 人参加，会后向中央报送了

《关于三峡水利枢纽科学技术研究会议的报告》。1960 年 4 月，水电部组织了水电系统的苏联专家 18 人及国内有关单位的专家 100 余人在三峡查勘，研究选择坝址。由于当时经济困难和国际形势影响，三峡建设步伐得到调整。1970 年，中央决定先建作为三峡总体工程一部分的葛洲坝工程，一方面解决华中地区用电供应问题，另一方面为三峡工程作准备。1979 年，水利部向国务院报告关于三峡水利枢纽的建议，建议中央尽早决策。1984 年 4 月，国务院原则批准由长江流域规划办公室组织编制《三峡水利枢纽可行性研究报告》。1989 年，长江流域规划办公室重新编制了《长江三峡水利枢纽可行性研究报告》，认为建比不建好，早建比晚建有利。该报告推荐的建设方案是"一级开发，一次建成，分期蓄水，连续移民"，三峡工程的实施方案确定坝高为 185 m，蓄水位为 175 m。此后，国务院成立了三峡工程审查委员会，聘请了 163 位相关方面的专家对可行性研究报告进行审查，并获国务院常务会议通过。1992 年 4 月 3 日，第七届全国人民代表大会第五次会议通过了《关于新建长江三峡工程的决议》，标志着中国历史上最大的水利工程进入具体实施阶段（陶景良，2002）。

1993 年 1 月，国务院三峡工程建设委员会成立，下设 3 个机构：办公室、移民开发局和中国长江三峡工程开发总公司。1993 年 7 月 26 日，国务院三峡工程建设委员会第二次会议审查批准了《长江三峡水利枢纽初步设计报告（枢纽工程）》，该报告的通过标志着三峡工程建设进入正式施工准备阶段。1994 年 12 月 14 日，三峡工程正式开工，进入一期工程建设。1997 年 11 月大江截流，进入二期工程建设。2002 年 10 月，左岸大坝全线浇筑到设计高程 185 m。2003 年 6 月，水库蓄水至 135 m，首批 2 台机组发电，双线五级船闸试通航，进入围堰挡水发电期，三期工程建设全面展开。2006 年 5 月，大坝全线浇筑到设计高程 185 m；10 月，水库蓄水至 156 m 水位，进入初期运行期。2008 年 10 月，左、右岸电站 26 台机组全部投入运行，汛末开始实施正常蓄水位 175 m 试验性蓄水。2010 年 10 月 26 日，三峡水库首次成功蓄水至 175 m 水位。2012 年 7 月地下电站 6 台机组全部投产发电。2015 年 9 月，长江三峡工程枢纽工程顺利通过竣工验收。2016 年 9 月

18 日，三峡升船机正式进入试通航阶段。2020 年 11 月 1 日，水利部、国家发展改革委公布，三峡工程日前完成整体竣工验收全部程序。根据验收结论，三峡工程建设任务全面完成，工程质量满足规程规范和设计要求、总体优良，运行持续保持良好状态，防洪、发电、航运、水资源利用等综合效益全面发挥。三峡工程建设工期安排见图 1-5。

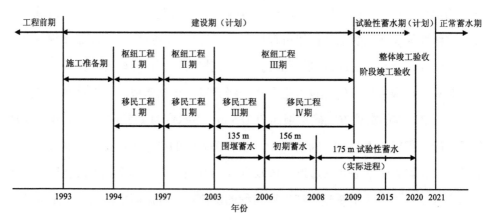

图 1-5　三峡工程建设不同工期节点时段

1.3　三峡工程蓄水阶段

三峡工程采取分期蓄水的方式，逐步抬升水库运行水位。按照计划分为 3 个阶段蓄水：135 m 阶段蓄水、156 m 阶段蓄水和 175 m 阶段蓄水（均为海拔高程，以上海吴淞口海平面为零点）。三峡工程分阶段实施 3 次蓄水是经过长期论证，审慎考虑了三峡移民、泥沙淤积等综合因素做出的决定。2003 年 6 月，三峡工程首次蓄水，坝前水位达到 135 m，三峡工程进入围堰挡水发电期，枢纽初步产生效益。此时，三峡大坝没有完建，其中右岸部分还需依靠围堰挡水。2006 年 9 月，三峡工程实行第二次蓄水，成功蓄至 156 m 水位，标志着工程进入初期运行期，开始发挥防洪、发电、通航三大效益。设立这一水位，主要出于两个考虑：一是库区移民要逐步搬迁，时间上有缓冲余地；二是担心重庆港区发生泥沙淤积，而156 m 水位回水在重庆下游的铜锣峡以下，不会影响到重庆港区。通过前两次蓄水,在综合考虑枢纽工程、移民搬迁、地灾治理、泥沙淤积、生态环境等因素后,于2008年9月进行了三期首次试验性蓄水,水位达到172.8 m时停止了继续蓄水。2009年9月进行了第二次175 m试验性蓄水,因长江中下游地区发生旱灾,为支援抗旱,增加下泄流量,11月24日,三峡水库水位蓄至171.43 m后停止蓄水。2010年10月三峡水库开展了第三次175 m试验性蓄水,这次正式蓄水至175 m正常水位(王小焕等,2017)。三峡水库蓄水以来历年运行特征水位见表1-1及图1-6和图1-7,各蓄水阶段,三峡水库不同蓄水位的回水影响范围和相应库容见表1-2。

表 1-1 三峡水库蓄水以来历年运行特征水位

年份	阶段	汛前最低水位/m	汛后最高蓄水位/m	最高水位日期	说明
1998—2002	蓄水前	60	90	—	下闸蓄水前
2003		135.07	138.66	11.06	135 m 蓄水年
2004	135 m 蓄水阶段	135.33	138.99	11.26	135~139 m 蓄水位运行
2005		135.08	138.93	12.15	
2006		135.19	155.77	12.04	156 m 蓄水年
2007	156 m 蓄水阶段	143.97	155.81	10.31	145~156 m 蓄水位运行
2008		144.66	172.8	11.01	第 1 次 175 m 试验性蓄水年(未达)
2009		145.94	171.43	11.25	第 2 次 175 m 试验性蓄水年(未达)
2010		146.55	175	11.02	第 3 次 175 m 试验性蓄水年(已达)
2011		145.94	175	10.31	
2012		145.84	175	10.03	
2013		145.19	175	11.11	
2014	175 m 试验性蓄水阶段	146.06	175	10.31	
2015		149.00	175	10.28	
2016		145.03	175	11.01	稳定达到 175 m 蓄水位
2017		145.35	175	10.21	
2018		145.25	175	10.31	
2019		145.18	175	10.31	
2020		145.08	175	10.28	
2021	175 m 正常蓄水运行阶段	145.32	175	10.31	

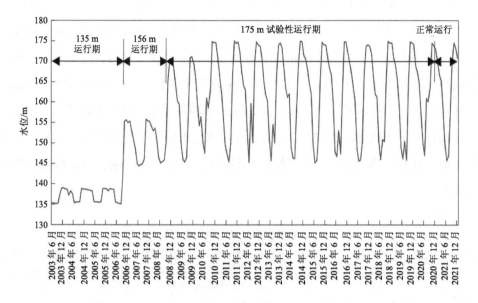

图 1-6   三峡水库不同运行时期坝前水位变化情况

（参考姚金忠等，2022）

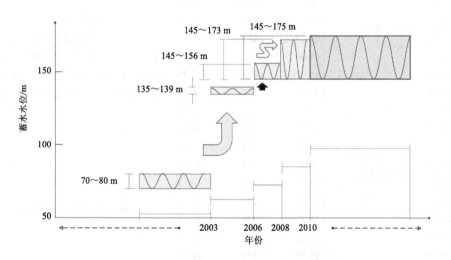

图 1-7   三峡工程不同蓄水阶段水位变幅示意图

表 1-2　三峡水库不同蓄水位的回水范围及相应库容

不同蓄水位	回水影响范围	总库容/亿 m³
135 m	三峡水库 135 m 蓄水位运行时汛期 20 年一遇的回水末端在涪陵区李渡，距坝址的距离为 493.9 km；库区主要支流回水距河口的距离香溪河 23.9 km、大宁河 36.5 km、梅溪河 18.8 km、汤溪河 13.7 km、小江 32.5 km、磨刀溪 24.2 km、龙河 4.3 km、渠溪河 14.3 km	124
156 m	三峡水库 156 m 蓄水位运行时汛期 20 年一遇的回水末端在重庆铜锣峡，距坝址的距离为 596 km；库区主要支流回水距河口的距离香溪河 32.3 km、大宁河 43.6 km、梅溪河 22.5 km、汤溪河 20.0 km、小江 49.5 km、磨刀溪 28.8 km、龙河 4.3 km、渠溪河 14.3 km	234.8
175 m	三峡水库 175 m 蓄水位运行时 20 年一遇汛后回水末端为江津区花红堡，距坝址的距离全长 667 km；库区主要支流回水距河口的距离香溪河 40.0 km、大宁河 53.6 km、梅溪河 28.5 km、汤溪河 34.8 km、小江 99.9 km、磨刀溪 32.6 km、龙河 10.0 km、渠溪河 19.0 km、御临河 21.2 km	393

（1）135 m 蓄水阶段（2003—2005 年）

2003 年 6 月 1 日开始蓄水，历时 10 d，三峡工程第一阶段蓄水水位达到了 135 m。此阶段也称围堰蓄水期，三峡水库坝前水位维持在 135 m（汛期）至 139 m（非汛期），最大库容约 140 亿 m³。

（2）156 m 蓄水阶段（2006—2007 年）

2006 年 9 月 20 日开始蓄水，历时 37 d，三峡工程第二阶段成功蓄至 156 m 水位。此阶段也称初期蓄水期，坝前水位维持在 145 m（汛期）至 156 m（非汛期），最大库容约 235 亿 m³。

（3）175 m 试验性蓄水阶段（2008—2020 年）

经过了多次试验性蓄水。三峡工程第三阶段第一次 175 m 试验性蓄水于 2008 年 9 月 28 日进行，历时 38 d，最高蓄水位为 172.8 m。2009 年 9 月 15 日开始，进行了第二次 175 m 试验性蓄水，蓄水至 171.43 m。2010 年 9 月 10 日，进行了第三次 175 m 试验性蓄水，历时 47 d，并于 10 月 26 日成功蓄水至 175 m 水位。此后的 11 年中，三峡工程每年都能够达到 175 m 试验性蓄水目标，奠定了有效发挥供水、生态、发电、航运等综合效益的良好基础。2020 年 11 月 1 日，三峡工程完成了竣工验收，标志着三峡工程转入正式运行期。

（4）175 m 正常蓄水运行阶段（2021 年至今）

2021 年 9 月 10 日，三峡水利枢纽再次进行了历时 52 d 的 175 m 蓄水工作，于 10 月 31 日完成了 175 m 蓄水目标，这是自 2020 年 11 月 1 日竣工验收后的首次蓄水运行，同时也标志着三峡工程进入了 175 m 正常蓄水运行阶段。

值得说明的一点是，本书中高水位运行期特指 2011—2015 年这个时段，即 175 m 试验性蓄水阶段能够稳定达到 175 m 蓄水位的前 5 年。由于 2010 年是之前未能达到 175 m 蓄水位和之后能够稳定达到 175 m 蓄水位的过渡年，因此将高水位运行期的起始年定为 2011 年，这样更为合理和便于有效区分。

第 2 章

三峡水库及三峡库区概况

2.1 三峡水库概况

2.1.1 三峡水库简介

三峡水库，是三峡工程建成后蓄水形成的水体，175 m 高程蓄水位时总面积为 1 084 km²，对应的总库容为 393 亿 m³，调节库容为 165 亿 m³，防洪库容为 221.5 亿 m³。三峡水库回水长 600～670 km，回水末端最远可达重庆江津区，增加水面面积约 600 km²。三峡水库穿行于川东低山丘陵和川鄂中低山峡谷区，干流库面宽一般为 700～1 700 m，平均宽度约 1.1 km，比成库前河道宽度增加约 1 倍。大部分库段不超过 1 000 m，超过 1 300 m 的库段仅分布在万州至丰都约 150 km 库段；支流库面宽一般为 300～600 m。库段内有回水长度 1 km 以上的支流有 171 条，回水总长度约 1 840 km；其中，回水长度在 20 km 以上的 16 条，总长为 1 083 km，占支流库段总长度的 59%。三峡水库干支流库岸总长度达 5 711 km。水库平均水深约 70 m，坝前最大水深约 170 m。水库位于高山峡谷之中，断面狭窄，仍保持狭长条带河道形状，属典型峡谷河道型水库。水库库容系数为 0.087，总库容 393 亿 m³，占坝址年径流量（451 亿 m³）的 8.7%，库水交换频繁，是季调节水库，水库里的水每年可交换 13 次之多（长江流域水资源保护局，1997；黄真理等，2006）。

三峡水库正常蓄水位 175 m 时，淹没陆地面积 632 km²，直接受淹人口 72.55 万人，移民安置超百万人（陈国阶等，1995）。移民搬迁安置工作从 1993 年开始，到 2009 年 12 月底全面完成，累计完成移民搬迁安置 129.64 万人（其中重庆市 111.96 万人，湖北省 17.68 万人），其中农村移民搬迁安置人数为 55.77 万人。完成县城（城市）迁建 12 座，搬迁安置 57.91 万人；集镇迁建 106 座，搬迁安置 15.96 万人；工矿企业处理 1 632 家。移民搬迁后的居住条件、基础设施和公共服务设施明显改善（中国工程院三峡工程试验性蓄水阶段评估项目组，2014）。

三峡水库有 3 个重要特征水位，即正常蓄水位、枯水期最低消落水位和防洪限制水位（图 2-1）。①正常蓄水位（大坝设计水位）是指三峡水库在正常运用情况下，为充分发挥防洪、抗旱、发电、航运、供水与补水、节能减排等综合功能和效益而蓄到的最高水位。三峡水库的正常蓄水位为 175 m，蓄水至 175 m 时三峡水库的总库容为 393 亿 m³。②枯水期最低消落水位是指三峡水库在正常运用情况下，允许枯水季节消落（下降）到的最低水位。这是为最大限度地发挥水库综合效益而设置的一个兴利水位。水库蓄水若低于这个水位，导致水位落差过小，将明显影响发电效益，同时也影响抗旱、航运等效益的发挥。三峡水库的枯水期最低消落水位为 155 m。③防洪限制水位是指三峡水库在每年汛前必须要降低到的水位，也是汛期防洪运用时的起调水位。三峡水库的防洪限制水位是 145 m，至正常蓄水位 175 m 之间的库容为防洪库容，共有 221.5 亿 m³。由于防洪是兴建三峡工程的首要任务，因此，人们也形象地将三峡水库的防洪库容称为"黄金库容"。

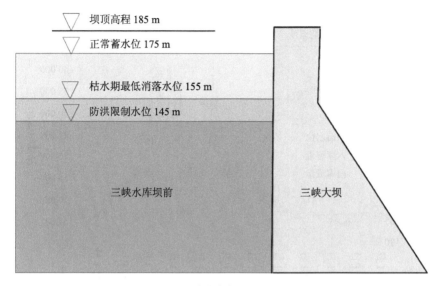

图 2-1　三峡水库特征水位示意图

2.1.2　三峡水库调度运行特征

三峡水库按照满足防洪、发电、航运和排沙等综合要求，进行水库调度。在汛期（6—9 月），水库一般维持在防洪限制水位 145 m 运行，以留出防洪库容，调节可能发生的洪水。当入库流量有可能对下游安全造成威胁时，水库拦蓄洪水，水位抬高。洪水过后，水库水位及时降低至防洪限制水位，以迎接下一次可能发生的洪水。从汛末 9 月开始，拦蓄多余来水，使水库水位逐渐升高至正常蓄水位 175 m，以保证航运、发电、供水与补水、节能减排等效益的发挥。在次年 4 月底以前，水库尽可能维持在较高水位运行，随着大坝下泄流量大于上游流入水库的流量，水库水位逐渐降低，5 月底降至枯水期最低消落水位 155 m。进入 6 月后，及时降低至防洪限制水位，迎接汛期的到来。例如，2021 年三峡水库坝前实际调度水位及进出库流量变化过程见图 2-2。

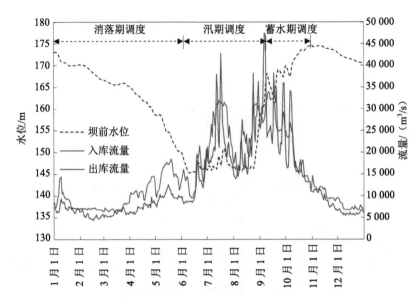

图 2-2　三峡水库坝前实际调度水位及进出库流量变化过程（2021 年）

（引自姚金忠等，2022）

　　三峡水库这种运行调度方式也可以形象地概括为"蓄清排浑"和"反季节调节"。6—9 月长江进入汛期，水体泥沙含量高，水体悬浮颗粒物多，考虑到防洪和减少水库泥沙淤积等因素，排出"浑水"，将水库水位下降到年内较低水平。10 月以后，长江进入平水期并逐步转为枯水期，水体泥沙含量降低，水体悬浮颗粒物逐步减少，考虑到发电和航运等因素，蓄积"清水"，将水库水位抬升到年内较高水平。这种运行调度方式，使得与天然河道状态相比，汛期水位低而平枯水期水位高，正好跟天然水文节律相反，是一种典型的反季节调节模式。

　　三峡水库内的水位每年都要有规律地升降，当三峡水库蓄水位为水库最低水位，即防洪限制水位 145 m 时，从大坝前缘到 145 m 水位水面线的回水末端，叫作常年回水区。回水末端在长寿附近，距三斗坪大坝前缘约 524 km。该区域水流速较缓，水较深，天然河道（包括急流滩险）常年被淹没，船舶在深水航道中航行，对航运十分有利。当三峡水库蓄水位为正常蓄水位 175 m 时，其回水末端位于江津花红堡，距大坝前缘 663 km。从常年回水区末端至水库终点花红堡，叫作变动回水区，长度约为 140 km。变动回水区汛后是水库，水面开阔，水深增加，流速减缓，船舶在水库内航行，航道条件十分良好，汛期该区段又恢复到天然河道状态。

三峡水库蓄水改变了原来河道的水文循环，导致水库水深增加、水流减缓。例如，位于常年回水区范围的干流断面万州沱口和巴东官渡口，蓄水后流速下降显著。沱口断面流速由蓄水前的 1.0～2.2 m/s 下降为 0.1～1.4 m/s，官渡口断面流速由蓄水前的 1.0～5.3 m/s 下降为 0.07～1.2 m/s（臧小平等，2014）。此外，从防洪限制水位 145 m 到正常蓄水位 175 m 之间的库岸带为消落区，每年都会在汛期出现。据统计，三峡水库消落带总面积为 348.93 km^2，175 m 消落带岸线长 5 578.21 km。湖北境内消落带面积为 42.65 km^2，175 m 消落带岸线长为 696.78 km，占三峡水库消落带总面积的 12%。重庆段消落带面积为 306.28 km^2，175 m 消落带岸线长 4 881.43 km，占三峡水库消落带总面积的 88%。重庆段消落带主要集中在涪陵区以下库区段，下游 8 个区县消落带面积占三峡水库消落带总面积的 81.84%（张彬，2013）。

2.2 三峡库区概况

2.2.1 三峡库区简介

三峡库区是一个特定的区域概念，是指三峡工程蓄水位达到 175 m 时，受回水影响的水库淹没区和移民安置涉及的有关行政区域（陈海燕等，2016）。三峡库区位于长江上游下段，处于长江流域腹心地带，是全国重要的生态功能区之一，是长江中下游地区的生态环境屏障和西部生态环境建设的重点，对保障国家生态安全具有重要意义。三峡水库回水末端紧邻长江上游珍稀特有鱼类国家级自然保护区，下接中下游江湖复合生态系统，是流域生态环境保护和修复的主控节点，对于流域生态环境变化和江湖关系演变具有重要调控作用。三峡库区还是长江上游经济带的重要组成部分，是我国重要的电力供应基地和内河航运干线地区，对促进长江沿江地区的经济发展、东西部地区经济交流和西部大开发具有十分重要的战略地位。

三峡库区位于东经 105°44′~111°39′，北纬 28°32′~31°44′，地跨湖北省西部和重庆市中东部，面积约 5.8 万 km²。包括湖北省的 4 个区县，即巴东县、兴山县、秭归县和宜昌市夷陵区，以及重庆市的 22 个区县，即巫山县、巫溪县、奉节县、云阳县、万州区、开县、忠县、石柱县、丰都县、涪陵区、武隆县、长寿区、江津区和重庆主城区（包括渝中区、南岸区、江北区、沙坪坝区、北碚区、大渡口区、九龙坡区、渝北区、巴南区）（陈海燕等，2016）。三峡库区行政区划示意图见图 2-3。国家从区域发展的特殊性出发，将三峡库区划分为库首、库腹、库尾三大区域。原农业部和三峡建设委员会共同编制的《三峡库区近、中期农业和

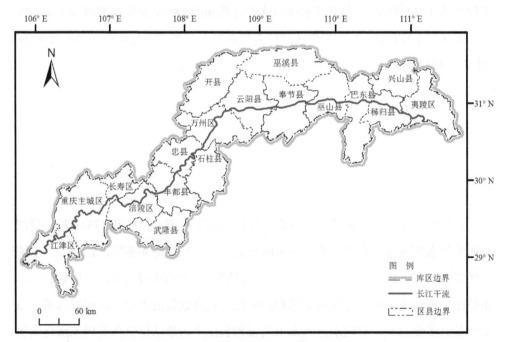

图 2-3　三峡库区行政区划范围示意图

农村经济发展总体规划（1995—2010 年）》将库首划定为三峡库区湖北段（以下简称湖北库区），涵盖恩施土家族苗族自治州的巴东县和宜昌市的兴山县、秭归县、夷陵区 4 个区县；库腹涵盖万州区、涪陵区、丰都县、武隆县、忠县、开县、云阳县、奉节县、巫山县、巫溪县、石柱县 11 个区县，库尾涵盖渝中区、大渡口区、江北区、沙坪坝、九龙坡区、南岸区、北碚区、渝北区、巴南区、江津区、长寿区 11 个区.库腹区与库尾区共同组成三峡库区重庆段（以下简称重庆库区）。

2.2.2　三峡库区自然地理状况

（1）自然条件

三峡库区位于长江上游段东端，辖区内江南属武陵山区、江北跨秦巴山区，全区地貌区划为板内隆升蚀余中低山地，地处我国第二阶梯的东缘，总体地势西高东低，地形复杂，大部分地区山高谷深，岭谷相间。主要地貌类型有中山、低山、丘陵、台地、平坝等，其中山地、丘陵分别占库区总面积的 74.0% 和 21.7%，河谷平原仅占 4.3%。东西部海拔高程一般为 500～900 m，中部海拔高程一般为 1 000～2 500 m。

三峡库区地处我国中亚热带湿润地区，年平均气温 14.9～18.5℃，无霜期 300～340 d。气候具有冬暖、夏热、春早、秋凉、多雨、霜少、湿度大、云雾多、风力小等特点，水热条件优越，垂直气候带特征明显。三峡库区雨量充沛，年平均降水量 1 000～1 300 mm。库区水热条件的垂直差异比水平差异更明显。自中部河谷向两侧外围山地，地面高程每上升 100 m，年降水量增加约 55 mm，气温下降 0.4～0.6℃。

（2）地质环境

三峡库区地层除缺失泥盆系下统、石炭系上统、白垩系的一部分和第三系以外，目前震旦系至第四系均有出露。分布比较集中、体积较大的第四系堆积体大都是崩塌、滑坡体。库区地形地貌与岸坡地质结构复杂，雨量丰沛且暴雨集中，历来是地质灾害多发地区。

库区位于扬子准地台区，北与秦岭地槽相邻。主要经历了三次较强的构造运动，即震旦纪前的晋宁运动、侏罗纪末的燕山运动和老第三纪末的喜山运动。库区新构造运动属于三峡鄂西南隆升区的三峡鄂西南隆升亚区，表现为大面积的间歇性整体隆起和局部地段的差异性断裂活动。隆起中心为奉节—巫山一带，最大上升幅度达 2 000 m。其特点是隆起的不均匀性、掀斜性和间歇性，地壳上升速度加剧，河流强烈下切，形成了长江三峡段高陡岸坡和诸多崩滑体。库区为弱震环境，地震基本烈度属于Ⅵ度区范围。坝址以上 17～30 km 和 50～110 km 处，有秭归—渔洋关和黔江—兴山两个小地震带穿越库区。

（3）土壤、矿产、植被与生物资源

三峡库区土壤类型多样，主要类型有黄壤、黄棕壤、紫色土、水稻土、石灰土等。库区农业用地约 2 843 万亩①，占库区土地总面积的 32.8%；林业用地约 4 242 万亩，占 49%；其他用地约 1 571 万亩，占 18.2%。在农业用地中约有耕地 2 217 万亩，占农业用地面积的 78%，多分布在长江干、支流两岸。三峡库区已发现矿产 75 种，其中已探明储量的有 39 种，主要矿产有天然气、煤、磷、岩盐、石灰岩等。

三峡库区生物多样性丰富，是流域乃至全国生物多样性保护备受关注的地区之一。库区维管束植物 2 787 种，其中国家重点保护的珍稀植物达 49 种，列为国家一级保护植物 9 种、国家二级保护植物 10 种；主要植被类型有常绿阔叶林、落叶阔叶混交林、落叶阔叶与常绿针叶混交林、针叶林和灌草丛等。三峡库区植物种类繁多，林果种类齐全，据统计，经济植物超过 2 000 种，其中药用植物 1000余种。库区农、林、土特产资源丰富，其中柑橘、榨菜、桐油、生漆、茶叶、中药材等在国内外享有盛名。国家在三峡库区实施退耕还林还草工程、天然林保护工程、长江上中游水土流失重点防治工程、长江防护林工程等，促进了库区生态环境建设，逐步恢复了森林植被，且一定程度控制了水土流失。脊椎动物中，哺乳动物 139 种、鸟类 402 种、爬行类 60 种、两栖类 50 种，列为国家一级保护动

---

① 1 亩≈666.7 m²。

物的有 8 种、列为国家二级保护动物的有 16 种；三峡库区江段分布鱼类约 127
种，包括 47 种长江上游特有种，列为国家一级保护野生动物的有中华鲟、白鲟、
达氏鲟，列为国家二级保护野生动物的有胭脂鱼、大鲵、水獭等。

（4）水系状况

三峡库区水系纵横，三峡工程坝址以上控制流域面积 100 万 km²，占流域总面
积的 56%。三峡水库年径流量十分丰富，主要集中在汛期寸滩和宜昌站，年径流量
多年平均值分别为 3 500 亿 m³ 和 4 510 亿 m³，79% 的径流量集中在汛期 5—10 月。
嘉陵江和乌江是库区最大的两条支流。库区除长江干流和嘉陵江、乌江外，区域内
还有流域面积 100 km² 以上的支流 152 条，其中，重庆境内有 121 条，湖北境内有
31 条。流域面积在 1 000 km² 以上的支流有 19 条，其中，重庆境内有 16 条，湖北境
内有 3 条，主要有香溪河、大宁河、梅溪河、汤溪河、磨刀溪、小江（又名澎溪河）、
龙河、龙溪河、御临河等（任骁军等，2021）。库区主要支流见表 2-1。

表 2-1　三峡库区长江沿岸主要的一级支流

地区	编号	河流名称	流域面积/ km²	库区境内 长度/km	年均流量/ （m³/s）	入江口位置	距三斗坪 距离/km
江津	1	綦江	4 394.4	153.0	122.0	顺江	654.0
九龙坡	2	大溪河	195.6	35.8	2.3	铜罐驿	641.5
巴南	3	一品河	363.9	45.7	5.7	鱼洞	632.0
	4	花溪河	271.8	57.0	3.6	李家沱	620.0
渝中	5	嘉陵江	157 900.0	153.8	2 120.0	朝天门	604.0
江北	6	朝阳河	135.1	30.4	1.6	唐家沱	590.8
南岸	7	长塘河	131.2	34.6	1.8	双河	584.0
巴南	8	五步河	858.2	80.8	12.4	木洞	573.5
渝北	9	御临河	908.0	58.4	50.7	洛渍新华	556.5
长寿	10	桃花溪	363.8	65.1	4.8	长寿河街	528.0
	11	龙溪河	3 248.0	218.0	54.0	羊角堡	526.2
涪陵	12	黎香溪	850.6	13.6	13.6	蔺市	506.2
	13	乌江	87 920.0	65.0	1 650.0	麻柳咀	484.0
	14	珍溪河				珍溪	460.8

地区	编号	河流名称	流域面积/km²	库区境内长度/km	年均流量/（m³/s）	入江口位置	距三斗坪距离/km
丰都	15	渠溪河	923.4	93.0	14.8	渠溪	459.0
	16	碧溪河	196.5	45.8	2.2	百汇	450.0
	17	龙河	2 810.0	114.0	58.0	乌阳	429.0
	18	池溪河	90.6	20.6	1.3	池溪	420.0
忠县	19	东溪河	139.9	32.1	2.3	三台	366.5
	20	黄金河	958.0	71.2	14.3	红星	361.0
	21	汝溪河	720.0	11.9	11.9	石宝镇	337.5
万州	22	壤渡河	269.0	37.8	4.8	壤渡	303.2
	23	苎溪河	228.6	30.6	4.4	万州城区	277.0
云阳	24	小江	5 172.5	117.5	116.0	双江	247.0
	25	汤溪河	1 810.0	108.0	56.2	云阳	222.0
	26	磨刀溪	3 197.0	170.0	60.3	兴和	218.8
	27	长滩河	1 767.0	93.6	27.6	故陵	206.8
奉节	28	梅溪河	1 972.0	112.8	32.4	奉节	158.0
	29	草堂河	394.8	31.2	8.0	白帝城	153.5
巫山	30	大溪河	158.9	85.7	30.2	大溪	146.0
	31	大宁河	4 200.0	142.7	98.0	巫山	123.0
	32	官渡河	315.0	31.9	6.2	青石	110.0
	33	抱龙河	325.0	22.3	6.6	埠头	106.5
巴东	34	神龙溪	350.0	60.0	20.0	官渡口	74.0
秭归	35	青干河	523.0	54.0	19.6	沙溪镇	48.0
	36	童庄河	248.0	36.6	6.4	邓家坝	42.0
	37	叱溪河	193.7	52.4	8.3	归州	34.0
	38	香溪河	3 095.0	110.1	47.4	香溪	32.0
	39	九畹溪	514.0	42.1	17.5	九畹溪	20.0
	40	茅坪溪	113.0	24.0	2.5	茅坪	1.0

（引自黄真理等，2006）

嘉陵江发源于陕西省秦岭南麓，流经陕西、甘肃、四川 3 个省，在重庆市合川区古楼镇进入重庆市。入境水量为 275.5 亿 m³，在重庆渝中区朝天门处汇入长江，流域面积为 15.79 万 km²，全长 1 120 km，河口年均流量为 2 120 m³/s。嘉陵江在重庆市境内的河长为 153.8 km，流城面积为 9 262 km²，落差 43.1 m。乌江发源于贵州省威宁县的乌蒙山麓，沿西阳边界流经彭水、武隆，在涪陵区注入长江。河流全长 1 020 km，流域面积 8.792 万 km²，年均流量为 1 650 m³/s。乌江在重庆入境水量为 396.7 亿 m³，境内流域面积 2.85 万 km²，河长 235 km。

三峡库区重庆境内的次级河流多发源于山地，河流平均坡降在 10‰以上。长江干流两侧支流极不对称，北支流多且长，主要有壁南河、临江河、御临河、桃花溪、壁北河、碧溪河、渠溪河、龙溪河、汝溪河、瀼渡河、小江、梅溪河、汤溪河、黄金河、大宁河等。南支河流少且短，主要有花溪河、木洞河、龙河、綦江、磨刀溪、大溪河、神女溪、长滩河、抱龙河等。

三峡库区湖北境内的支流主要有香溪河、九畹溪、青干河等。香溪河全长为 97.3 km，流经湖北兴山与秭归，流域面积为 2 971 km²，年径流量为 19.56 亿 m³。九畹溪位于秭归县东南部，有 4 条支流，流域面积为 590 km²，年均流量为 541 亿 m³。青干河发源于秭归县西南部，河段长 36 km，沿途汇纳梅家河、罗鼓河、归平河 3 条支流，流域面积为 755 km²。

2.2.3 三峡库区社会经济状况

三峡库区具有人口密集、经济基础薄弱、生态环境脆弱等特点，经济社会发展长期落后于全国平均水平。例如，2002 年三峡库区国内生产总值为 800 亿元，财政收入 58.2 亿元，三峡库区人均地区生产总值为 5 033 元，仅相当于全国平均水平的 62%，也低于西部地区的平均水平。三峡库区是全国重点集中连片贫困地区之一，19 个县（市、区）中曾经有 12 个是国家扶贫开发工作重点县（市、区），多数县（市、区）财政困难，自我发展能力弱。移民就业和生计问题突出，农村移民因人均耕地面积减少，形成了大量的剩余劳动力；搬迁企业实行"关停并破"

及效益不佳造成下岗失业人员增加；城镇建设占地形成的失地移民，多数缺乏技能，就业和生计问题比较突出。基础设施条件差，县乡公路密度低、断头路多。农村电网设施落后，部分农村人畜饮水困难。电话普及率低，广播电视尚未完全覆盖。三峡工程蓄水后，受淹没的基础设施复建按"三原"标准补偿，标准普遍较低。社会事业发展落后，基础教育水平较低，部分县尚未实现"两基"达标，乡镇中小学校条件较差。专业技术教育尤其是针对库区移民的劳动技能培训能力不足。县乡医疗卫生设施简陋、设备不全、人员不足。人才总量不足，结构不合理，专业技术人员短缺。

在党中央、国务院的正确领导和全国人民的大力支持下，全国对口支援三峡库区工作，库区经济社会发展明显加快，产业结构不断优化升级，人民生活水平显著提高，三峡库区城乡面貌和居民生活水平发生了根本性变化。根据国务院印发的《全国对口支援三峡库区合作规划（2014—2020 年）》，2012 年三峡库区地区生产总值 4 986 亿元，人均 29 583 元，扣除物价因素，分别比 1992 年增长了 15.9 倍和 14.7 倍。全国对口支援三峡库区工作为库区经济社会发展做出了较大贡献，2008—2012 年，为三峡库区引进资金总额 1 049 亿元（其中，社会公益类项目资金 23 亿元，经济建设类项目资金 1 026 亿元）。库区基础设施和社会事业蓬勃发展，城乡面貌焕然一新，人民生活水平显著提高，百万移民已从搬迁安置转入安稳致富的新阶段。

据水利部和国家发展改革委发布的《全国对口支援三峡库区合作规划（2021—2025 年）》，2014—2020 年，国家有关部门和单位加强指导，对口支援省（区、市）加大支援合作力度，为三峡库区引进项目 1 989 个，引进资金总额 1 499 亿元（其中无偿援助资金 41.63 亿元），帮助库区改善基础设施和公共服务，加强生态环境保护治理工作，库区经济初步实现生态优先、绿色发展，生态农业、农产品加工、文化旅游、商贸物流等特色产业发展势头良好，产业竞争力不断增强。2020 年，库区实现地区生产总值 9 298 亿元，较 2014 年增长约 64%，人均地区生产总值突破 6 万元，城镇化率由 2014 年的 50.2%增长到 57.7%，增加了 7.5 个百分点,城乡居民人均可支配收入与全国及周边地区平均水平的差距不断缩小。2021年,党中央、国务院继续开展对口支援三峡库区,同时对已实施的后续工作有了新的部署,将进一步促进库区经济社会快速发展,加快推进库区现代化建设,推动库区绿色高质量发展,不断提高人民生活水平。

第 3 章

研究背景及由来

3.1 三峡工程生态环境影响评价及预测

3.1.1 三峡工程的生态环境影响研究历程

三峡工程是治理和开发长江的关键性骨干工程，具有防洪、发电、航运等巨大的综合效益，对长江流域经济社会的可持续发展具有重要意义。同时，由于三峡工程规模浩大，影响因子众多，其可能产生的生态与环境影响受到了国内外的广泛关注。

党中央、国务院高度重视三峡工程建设对生态环境的影响，并要求研究降低工程对生态环境不利影响的对策措施。在工程决策前，相关单位分别就不同蓄水位方案对生态环境的影响进行了反复论证（郑守仁，2018）。早在 20 世纪 50 年代，长江流域规划要点和三峡水利枢纽初步设计要点的编制过程中，即对三峡工程回水影响、人类活动对河流径流的影响、水库岸坡稳定性、水库诱发地震、水库淹没与移民、泥沙、生物、自然疫源性疾病及地方病等环境影响因素进行了调查与研究。1979 年以后，长江流域水资源保护局与 40 多家大专院校和科研单位合作开展了三峡工程对生态与环境影响的研究和评价。1984 年，国家科学技术委员会正式将"长江三峡工程对生态与环境的影响及其对策研究"作为三峡工程前期重大科研项目之一。

1985 年,国家计划委员会和国家科学技术委员会成立了生态与环境论证专家组,对正常蓄水位 150~180 m 方案的环境影响进行了评价。1986 年,国务院三峡工程论证领导小组组织了生态、环境、水利等方面的 55 名专家,成立了长江三峡工程生态与环境专家组,对以往成果进行了审查和复核,并组织长江流域水资源保护局及中国科学院等有关单位进行了专题论证和补充研究。1991 年 12 月,中国科学院环境评价部和长江水资源保护科学研究所共同完成了《长江三峡水利枢纽环境影响报告书》,1992 年 2 月,国家环境保护局正式批准了《长江三峡水利枢纽环境影响报告书》(孙志禹,2009)。国家环境保护局对《长江三峡水利枢纽环境影响报告书》提出的主要批复意见是:原则同意预审专家委员会的评审意见。该环境影响报告书着眼全流域、采取多层次的系统分析和综合评价方法,全面分析了三峡工程对生态与环境的有利影响和不利影响,提出了减免不利影响的对策,为工程决策提供了重要依据。只要对不利影响从政策上、从工程措施上、从监督管理上以及从科研和投资等方面采取得力措施,使其减小到最低限度,生态与环境问题不至于影响三峡工程的可行性(郑守仁,2004)。此后,与三峡工程有关的环境影响研究并没有停止,而是随着工程的进展和认识的深入不断推进,并成为一项长期性的工作。三峡工程自 1993 年动工兴建以来,国务院和有关部门以及相关地方人民政府十分重视三峡工程生态环境保护,针对工程兴建对生态环境带来的不利影响开展了规划、监测以及相关的科学研究,取得了一系列成果,为大型水利水电工程的生态环境影响研究积累了有益的经验。

3.1.2 三峡工程的生态环境影响预测

三峡工程建成后将部分改变长江水文情势,引起生态与环境的变化,对库区、长江中下游及河口等相关地区产生不同程度的影响。工程主要不利影响在库区,对三峡库区的影响主要是土地淹没对水质的影响;水体扩散稀释能力下降将加重水体污染，特别是局部和库湾水质恶化；一些珍稀、濒危物种的生存条件和生物多样性受到不同程度的损坏等。针对工程兴建对生态环境的不利影响，组建了跨地区、跨部门长江三峡生态与环境监测系统，跟踪监测库区及相关地区的生态环境变化状况；编制并实施了移民安置区和施工区生态环境保护规划并开展了库区富营养化和水污染控制研究；对水库蓄水期间的水质变化进行全过程监测等。这些工作为了解三峡工程对生态环境的影响，减轻工程对生态环境造成的不利影响发挥了重要作用（郑守仁，2004）。《长江三峡水利枢纽环境影响报告书》对三峡工程环境影响做了详细预测，该报告书针对评价范围、评价体系、评价结论的主要论述如下：

（1）评价范围

三峡工程环境影响涉及面很广，根据工程的功能、特点及其引起长江水文情势的变化和所在地区的环境差异，评价范围包括下列区段：①三峡库区——自湖北宜昌三斗坪坝址至重庆市附近受回水影响的水库淹没区和移民涉及的县市。库区为水文情势变化显著的区域。②中、下游河段及附近地区——自三斗坪坝址至江苏省江阴市，包括洞庭湖、四湖（长湖、三湖、白露湖、洪湖）和鄱阳湖地区等。该地区水文情势变化受建坝影响较小。③河口区——自江苏省江阴市至河口外海滨，为咸淡水交汇区。考虑上游水土流失对库区泥沙淤积的影响和防护林体系建设与工程的关系，以及河口以下冲淡水对海域的影响，评价范围适当扩展到水库上游区和近海区。

（2）评价的层次系统

根据三峡工程对环境影响的特点和预测评价工作的需要，将评价范围的环境分为 4 个层次：①环境总体；②环境子系统；③环境组成；④环境因子。根据三峡工程特点，在环境总体框架下，主要选择了了 24 个环境子系统和 74 个环境因子（表 3-1），进行多方位长时期的研究评价，形成了丰富的科研成果。

表 3-1　环境评价系统的组成及主要因子

评价子系统	主要因子
局地气候	气温、风、降水、温度、雾
水质	扩散能力、生化需氧量负荷、土地淹没与水质、泥沙淤积与水质、营养物质、坝下水质
水温	库区水温、坝下水温
环境地质	诱发地震、库岸稳定、水库渗漏
陆生植物与植被	物种和珍稀物种、森林植被、资源植物和人工经济林
陆生动物	动物种群、珍稀动物
水生生物	产卵场、鱼种变化、鱼类资源、珍稀水生动物
水库淤积和坝下游河道冲淤	水库泥沙淤积、坝下河道冲淤
中游平原湖区涝渍和潜育化	四湖地区涝渍和潜育化、洞庭湖涝渍和潜育化、鄱阳湖涝渍和潜育化、鄂东低湖田涝渍和潜育化
河口生态环境	径流变化、咸潮入侵、土壤盐渍化、泥沙与侵蚀堆积、河口及近海渔业
水库淹没与移民	土地淹没、移民环境容量、移民安置规划
人群健康	卫生和保健系统、血吸虫病、疟疾、其他疾病、施工区卫生
自然景观	自然景观
文物古迹	文物建筑、古文化遗址、文物古迹
工程施工	水质、大气、噪声、景观保护
防洪	耕地淹没、生产生活保障、瘟疫流行、生命财产损失
发电	大气污染、固体废物、热污染、灰场占地
航运	海损风险、陆路交通压力
公众关心的问题	库区防洪、物种与栖息地（鄱阳湖珍稀候鸟及栖息地、扬子鳄、水杉谷）、上中游水土流失与防治和防护林体系建设、固体废物、溃坝风险分析、重庆市环境问题（水质、大气、防洪、排水系统、港口淤积）

（引自陈永柏，2009）

（3）环境影响结论

三峡工程综合效益巨大，对生态与环境的影响有利有弊，主要的不利影响大多数在采取对策和措施后可以得到减轻。生态与环境问题不影响工程建设的可行性。

1）长江中上游，乃至整个长江流域，虽然当前局部地区生态与环境有所改善，但大部分地区的恶化趋势未能有效控制，即使不建三峡工程，其综合治理任务也非常紧迫。

2）三峡工程会对生态与环境产生广泛而深远的影响，涉及的因素众多，地域广阔，时间长，所涉及的问题相互渗透、关系复杂、利弊交织。其有利影响主要是：可有效控制上游洪水，提高长江中下游特别是荆江河段的防洪能力；可有效减免洪涝灾害带来的生态与环境的破坏，减缓洞庭湖的淤积和萎缩；能增加长江中下游枯水期的流量，有利于改善枯水期的水质，并可为南水北调工程提供水源条件；利用水能资源发电，与燃煤发电相比，可大量减少污染物的排放。其不利影响主要是：水库淹没耕地、移民和城镇迁建，会加剧本来就已十分突出的人地矛盾；建库前的库区工业废水和生活污水年排放量已超 10 亿 t，沿江城镇的局部江段已形成了较严重的污染带，若不加强污染源治理，将加重局部水域污染；三峡工程将改变库区及长江中下游水生生态系统的结构和功能，一些珍稀、濒危物种的生存条件受到影响；对四大家鱼的自然繁殖可能会带来不利影响；三峡水库运行后，长江中下游河道出现冲淤变化，对长江中下游平原湖区低洼农田土壤潜育化、沼泽化有一定影响，将导致重庆市江段泥沙淤积，对现有给排水设施带来影响；三峡建坝后，库区沿江部分文物古迹将被淹没，部分自然景观也会受到影响；三峡工程对局部地区地质灾害和人群健康等也有一定影响。

3）三峡工程对生态与环境的影响存在时空分布不均匀性。其影响自工程准备期开始，将持续很长时间。有些影响（如施工的影响）只在一定时期内发生，而有些影响（如泥沙淤积等）则长期存在，并具有累积性。不同时期受影响的因子和强度不同。年内各月影响变化与水库水位调控密切关联。在空间分布上，有利影响主要在中游，而不利影响主要在库区。

4）三峡工程引起的生态与环境问题若能给予足够重视，采取切实有效的措施，给予较充足的投资并认真落实，其不利影响大多数可以减小到最低程度。若投资不足或对策落实不充分，则将影响三峡工程的有效运行和效益发挥，阻碍库区社会经济发展，加剧长江流域生态与环境恶化趋势。

3.1.3 三峡工程的水生态环境影响

三峡工程兴建前，对水生态环境影响研究和论证主要认识如下：

（1）水质

建库后，随流速的降低和水流扩散能力的减弱，某些近岸局部区域污染物浓度会有所增加。水库蓄水后，库内水体流速减小，滞留时间增加，有利于可降解有机污染物在水体中的降解净化；但同时库内水体的复氧能力减弱，降低五日生化需氧量的水环境容量；由于入库五日生化需氧量的负荷远小于水库内五日生化需氧量的容量，近期水库总体水质不会恶化。总体而言，水库不会出现富营养化问题；对干支流局部流速很缓的库湾水域，有发生富营养化的可能性。三峡工程建坝后，泥沙淤积使水库重金属元素总浓度降低 63%～70%；蓄水后的头 10 年，在万州至大坝的库区内，重金属浓度可分别降低 82.7%和 81.9%；水库沉积物中的污染物和重金属含量将增加，水库保持以吸附为主的水环境条件，不会因解吸而造成二次污染；坝下游一定区域内江水的吸附自净能力将会降低，影响其水环境容量（臧小平等，2014）。三峡水库干流因土地淹没加剧水污染的可能性不大，但在支流和库湾，由土地淹没引起的水质问题可能比较严重，但淹没对水质的影响主要出现在水库蓄水初期，且影响是短暂的。三峡水库不会形成稳定的水温分层结构，但不排除弱分层的可能，在入库流量小于 6 000 m³/s 的 4 月，近坝段 10 km 左右的库段有短时水温分层现象。磨刀溪、梅溪河和龙船河 3 条支流口可能出现水温分层现象，温差不超过 2℃。三峡水库 4—5 月可能出现短时温度分层，出流水温虽然低于同期天然河道水温，但高于四大家鱼产卵所需水温（18℃）。三峡工程对长江河口咸潮入侵在枯季有改善作用，但在枯水年的 10 月和 11 月下泄流量减少使得咸潮入侵时间提前，历时加长，总的受咸潮天数有所增加（长江流域水资源保护局，1997；中国科学院环境评价部和长江水资源保护科学研究所，1996；黄真理等，2006）。

（2）水生生物

建坝将对珍稀、濒危物种（如中华鲟、白鱀豚）产生一定影响。建库后，由于上游生态环境的改变，约 40 种鱼类受到不利影响，其中 40% 的鱼类为上游特有鱼类，种群数量将会减少。水库内渔业资源与种类组成将会发生变化，四大家鱼在水库内的资源会增加。中游宜昌至城陵矶江段，若水库调度不考虑家鱼繁殖要求，其繁殖将受到严重不利影响，中下游四大家鱼鱼苗的来源将减少 50%～60%，进入洞庭湖的鱼苗减少幅度将更大。三峡工程建成后，库区的水流流速减缓，水体透明度有所提高，库水变得清澈，有利于浮游植物的光合作用，种类和数量将会增多，同时也有利于底栖生物的繁殖，但水库水位的变化对它们的大量增殖是个限制因素，而在三峡大坝以下江段，底栖生物的种类和数量将会有所增加（王殿常，2009）。

3.2 三峡水库高水位运行期水生态环境研究的必要性

三峡工程是世界上规模最大的水利水电工程，建成后形成三峡库区和三峡水库，其生态环境状况和演变，以及工程对长江中下游生态环境的影响，受到国内外的广泛关注。特别是三峡工程蓄水以后，三峡库区江段由天然河道变成水库，使长江干流及诸多支流水文特征发生重大变化。随着水库水位的抬高以及库区河道拓宽和加深，水流速度明显减缓，污染物的稀释、扩散等受到一定影响，水质是否变差一直是关注的焦点。围绕三峡工程建设，开展了长达半个多世纪的多学科论证，生态环境影响也是重点内容之一。三峡工程开工建设后，在 1997 年即组建了全面的三峡工程生态环境监测系统，开展了长达 20 多年的系统观测。此外，围绕三峡工程的生态环境研究一直没有停止，国家组织开展了多项重大科研课题研究和评估，在三峡工程边建设、边运行的过程中，不断深化和总结对三峡库区和三峡水库的生态环境影响认识，取得了一系列重大成果。但三峡工程对长江水文情势的影响是显著的，三峡水库生态环境的变化也是需要持续跟踪和评估的，根据不断获得的新的观测资料，对比历史情况，持续分析，发现新的特征，总结三峡水库演变规律，提出有效保护措施，以更好地服务于三峡水库管理，并为同类型的大型水利水电项目提供生态环境保护经验。

掌握三峡水库水生态环境的变化过程，分析其内在特征，是开展三峡水库水生态环境保护与治理的首要基础工作。三峡水库是特大型水库，2003 年 6 月蓄水135 m 后，进入了围堰挡水期，水库初具雏形。2002 年以前，三峡水库还没有形成，这个时期是蓄水前阶段，坝址上游长江还属于天然河段。2003 年蓄水以后，三峡电站第一批机组开始发电，三峡水库进入围堰发电运行期；之后逐步抬升蓄水位，在 2016 年进入 156 m 蓄水运行阶段，在 2008 年开始进入 175 m 试验性蓄水阶段，在 2020 年竣工验收后进入正式运行阶段。三峡水库经历了十多年的初期运行阶段，经历了不同的运行水位，在不同水位下水生态环境具有不同特点。特别是 2010 年以后，达到了水库正常运行时所能蓄至的 175 m 的最高水位，其水生态环境特征和变化具有重要的研究意义，对水库正常运行下水生态环境的管理具有重要的参考价值，也是深入认识三峡水库蓄水运行后长期变化的一个重要历史阶段。

三峡工程从 2008 年起至 2020 年完成竣工验收，在 13 年的时间里开展了 13次 175 m 试验性蓄水，2010 年首次达到了 175 m 蓄水位，2011—2020 年，每年均能稳定达到 175 m 蓄水位。由此可见，以 2010 年为节点，从 2011 年起三峡水库的年均运行水位均高于 135 m 蓄水阶段和 156 m 蓄水阶段，三峡水库的水位抬升达到一个新阶段，对三峡水库的水生态环境产生新的影响。从年际时间尺度上看，2011 年以后三峡水库运行水位高于以前年份水位，从年内尺度上看，每年 11—12 月水位高于 7—8 月水位。

从国内外水库蓄水产生的水生态环境影响研究来看，能达到像三峡水库一样175 m 蓄水位高度的水库不多。因此，开展高水位期水生态环境的研究并不多，可借鉴的经验较少。此外，高水位期水库淹没面积较大，回水范围较广，水库水生态环境面临的不确定性因素也较多，水生态环境风险较大。这些均需要及时总结和研究高水位期水库水生态环境质量的状况和变化，积累这一重要变化时期的水生态环境影响数据，研究演变规律，比较过去，指导未来，为三峡水库水生态环境保护和水安全提供决策依据。

3.3 依托的课题及成果贡献

"十二五"期间国家继续开展水体污染控制与治理科技重大专项研究，在湖泊富营养化治理与控制技术及工程示范主题中设置了三峡水库研究课题——不同水位运行下水环境问题诊断及安全保障研究（2012ZX07104-001）。基于该课题研究中关于三峡水库高水位运行期水生态环境研究相关成果，结合三峡水库长期的第一手系统观测的专题调查和监测工作，本书进一步深入系统总结了三峡水库高水位运行期（2011—2015 年）这一重要时期的水生态环境状况，分析了三峡水库高水位运行期水生态环境特征，弥补了国内外在研究三峡水库高水位运行期水环境水生态水安全方面专题论著的空缺和不足，以为三峡水库水生态环境演变规律研究提供参考，并为三峡库区水生态环境保护与治理提供依据。总体来看，通过对 2011—2015 年三峡水库开展的现场调查监测工作进行深入总结的基础上，客观评价了三峡水库高水位运行初期的水生态环境质量状况，科学分析了三峡水库蓄水运行以来水生态环境质量的演变趋势，对保障三峡库区作为国家战略水资源库的水生态环境安全具有一定的参考作用。

第4章

三峡水库高水位运行期水生态环境研究方法

4.1 总体研究思路

4.1.1 研究目的

三峡工程是治理开发长江的关键性骨干工程，具有防洪、发电、航运等巨大的综合效益。它的兴建可有效控制长江上游洪水，提供清洁的水电能源，改善长江航运条件，增加中、下游干流枯水期流量，对我国的经济社会发展起到较大的推动和促进作用。与此同时，三峡工程对长江水文情势的改变，也会对生态与环境带来一定的影响。2010 年 11 月 2 日，三峡水库 175 m 试验性蓄水，首次蓄水至 175 m 水位。2011 年 10 月 31 日，再次成功蓄水至 175 m，之后每年均可稳定蓄水至 175 m。本书通过对 2011—2015 年三峡水库水生态环境现场调查监测数据深入分析，研究了三峡水库在 175 m 蓄水位运行期的水生态环境质量特征和变化，识别三峡水库进入高水位运行期后的新问题和面临的新挑战，提出针对性的保护措施建议，以保障三峡水库水环境安全，巩固三峡水库作为国家战略性水资源库的重要地位。

4.1.2 研究范围

本书研究的地域范围是整个三峡水库,即 175 m 高程蓄水位时水域最大的覆盖区域,回水末端最远可达重庆江津区(图 4-1)。涉及三峡库区 26 个区县,包括湖北省的巴东县、秭归县、兴山县和宜昌夷陵区 4 个区县;重庆市的江津区、长寿县、涪陵区、武隆县、丰都县、石柱县、忠县、万州区、开县、云阳县、奉节县、巫山县、巫溪县 13 个区县和重庆主城区(包括渝中区、大渡口区、江北区、沙坪坝区、九龙坡、南岸区、北碚区、渝北区、巴南区 9 区)。具体调查和研究范围如下。

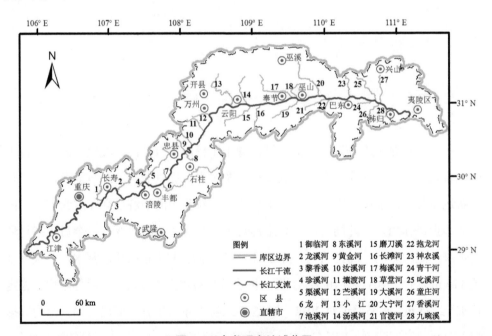

图 4-1 本书研究地域范围

1)三峡库区长江干流江段:自江津市羊石镇至宜昌三斗坪。

2)三峡库区主要支流:主要涉及 28 条支流,自上而下分别为御临河、龙溪河、黎香溪、珍溪河、渠溪河、龙河、池溪河、东溪河、黄金河、汝溪河、壤渡

河、苎溪河、小江、汤溪河、磨刀溪、长滩河、梅溪河、草堂河、大溪河、大宁
河、官渡河、抱龙河、神农溪、青干河、叱溪河、童庄河、香溪河、九畹溪。

3）三峡库区主要水源地（8 个）：选取库区供水人口大于 20 万人的城市水
源地做样本调查，均位于重庆市，具体包括万州区长石尾（三水厂）水源地、涪
陵区糠壳湾（二水厂）水源地、九龙坡区九龙坡和尚山水厂水源地、南岸区南坪
镇南桥头（黄角渡水厂）水源地、渝中区大溪沟水厂水源地、江北区梁沱水厂水
源地和大兴村茶园/江北水厂水源地、沙坪坝区嘉陵江高家花园水厂水源地。

4.1.3　研究内容

（1）三峡水库高水位运行期水生态环境演变趋势研究

开展三峡水库高水位运行期水质、水生生物、藻毒素等调查监测和变化特征
分析，阐明高水位运行期水生态环境变化的特征。

（2）三峡水库富营养化情势及水华暴发时空变化特征研究

开展三峡水库高水位运行期库区支流富营养化状况调查，分析三峡水库支流
藻类水华暴发事件，阐明高水位运行期三峡水库支流富营养化和藻华演变特征和
趋势。

（3）三峡水库饮用水水源地水质安全调查与评估研究

通过调查高水位运行期三峡水库主要饮用水水源地水质的现状，从常规指标、
微量有机物、藻毒素等方面综合评价三峡水库饮用水水源地水质的安全状况。

（4）三峡水库高水位运行期水生态环境保护对策研究

在三峡水库高水位运行期对水质、水生生物、富营养化状况及水华暴发特征、
饮用水水源地水质的安全状况、主要水环境污染物以及三峡水库藻毒素分布状况
开展总结性的综合分析，针对现有的和潜在的水生态环境问题，提出减缓不利水
生态环境影响的措施和建议。

4.1.4 技术路线

本书在梳理三峡工程建设运行阶段的基础上，对三峡水库高水位运行期的水生态环境调查和监测结果进行全面深入的分析，重点识别三峡水库高水位运行期水生态环境特征。结合长系列历史调查监测资料，开展对比分析，以揭示三峡水库水生态环境演变规律。针对三峡水库高水位运行期出现的水生态环境问题，提出三峡水库水生态环境保护对策建议。具体研究技术路线见图 4-2，研究的逻辑脉络如下：

1）三峡工程以及三峡水库、三峡库区等相关概念的认识是研究的基础。通过对三峡工程建设历史的回顾，以及三峡水库和三峡库区基本情况的整理，全面梳理并总结了研究区域和研究对象的重要属性，并对三峡水库经历的 3 个不同阶段水位蓄水过程有了清晰认识，引出了本书研究的必要性和重要意义。

2）三峡水库高水位运行期野外现场实地调查监测，是研究的前提和最坚实的基础工作。本书开展了大范围和长时间的持续观测，通过对三峡水库干支流开展水质、水生生物、藻毒素、微量有机物、水华和富营养化等多角度的全面监测，获得了大量的第一手水生态环境监测数据，支撑三峡水库水生态环境特征和演变规律研究。

3）三峡水库高水位运行期水生态环境特征研究的核心研究内容主要包括 5 个方面：①干支流水质特征研究，按照干流和支流分别开展分析。干流水质特征从高水位运行期现状水质分析、不同调度期水质分析、不同历史蓄水期对比分析和干流主要污染物解析分析 4 个方面开展，从多个视角研究三峡水库干流水质特征。而支流水质特征研究从支流高水位运行期现状水质分析，不同历史蓄水期水质对比分析和支流主要污染物解析分析 3 个方面开展。②三峡水库水生生物特征研究，分析了三峡水库高水位运行期干支流浮游植物和浮游动物种群和数量分布及变化特征。③支流富营养化演变及藻华暴发特性研究，分析了三峡水库高水位运行期支流富营养化状况和演变特征，以及典型支流藻类水华发生的特点及变化特征。

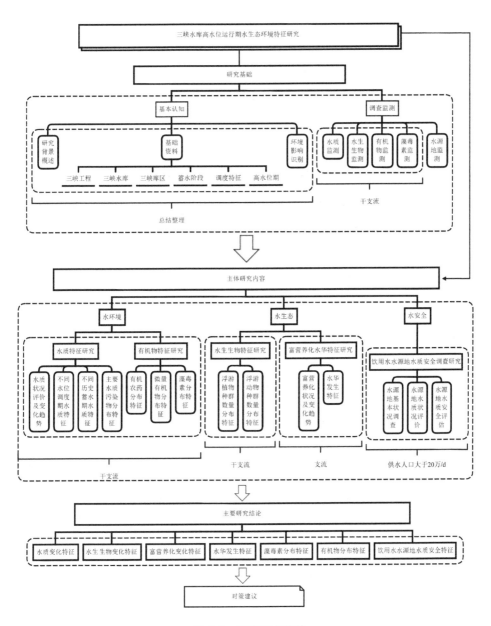

图 4-2 研究技术路线

④有机污染物及藻毒素含量特征研究，分析了三峡水库高水位运行期有机农药、微量有机物以及藻毒素的含量和分布特征。⑤饮用水水源地水质安全调查与研究，分析了三峡库区以三峡水库为水源的主要饮用水水源地基本状况，重点实测分析了水源地常规化学指标、微量有机物指标、藻毒素指标，并对水源地开展了水质安全综合评价。

4）三峡水库高水位运行期水生态环境综合特征和对策建议研究。通过对三峡水库高水位运行期水生态环境的综合分析，总结三峡水库水质污染、富营养化和藻华、有机物污染物和藻毒素、水源地安全状况和变化特征，提出三峡水库水生态环境保护主要对策建议。

4.2 水生态环境调查与监测

2011—2015 年，分别对三峡库区干支流水质状况、水生生物状况、富营养化及水华状况、有机农药及微量有机物状况、藻毒素含量状况、水源地安全状况等开展了调查和监测工作。干流每月开展了固定断面监测，典型支流在每年开展了水质定期巡测。共对三峡水库长江干流 5 个代表断面和主要的 28 条一级支流开展了常规水质监测、水生生物调查、富营养化和水华调查监测等工作。此外，对部分干支流有机农药和藻毒素开展了专项调查监测工作。饮用水水源地专项调查主要针对三峡库区范围内 8 个供水人口在 20 万人以上的重点水源地，开展了常规指标、有机物、藻毒素等参数的调查监测工作。

4.2.1 监测断面及点位

1）干流监测选取了 5 个典型代表断面，自上游至下游沿程布设寸滩、清溪场、沱口、官渡口和太平溪断面，在空间上分别表征三峡水库库尾、库腹、库中、库首和坝前 5 个水域。每个断面依据《水环境监测规范》（SL 219）和《地表水和污水监测技术规范》（HJ/T 91），根据河宽和水深不同，布设监测垂线和表层、中层、底层监测点位。断面布点要求见表 4-1，干支流采样工作情况见图 4-3 和图 4-4。

表 4-1　采样垂线和采样点位布设要求

水面宽	垂线数	说明
≤50 m	1 条（中泓）	1. 垂线布设应避开污染带，要测污染带应另加垂线
50～100 m	2 条（近左、右岸有明显水流处）	
100～1 000 m	3 条（左、中、右）	2. 确能证明该断面水质均匀时，可仅设中泓垂线
>1 000 m	3～5 条	

水深	采样点数	说明
≤5 m	上层 1 点	1. 上层指水面下 0.5 m 处，水深不到 0.5 m 时，在水深 1/2 处
5～10 m	上、下层 2 点	2. 下层指河底以上 0.5 m 处
>10 m	上、中、下 3 层 3 点	3. 中层指水深 1/2 处

图 4-3　三峡水库干流采样

图 4-4　三峡水库支流采样

2）支流监测选取 28 条典型支流（图 4-1）。每条支流至少布设 3 个断面（分别在支流口、支流中部和回水末端布设断面），对于回水较长的支流可适当增加监测断面。每个断面依据《水环境监测规范》（SL 219）和《地表水和污水监测技术规范》（HJ/T 91），根据河宽和水深不同，布设监测垂线和表层、中层、底层监测点位。

3）饮用水水源地选取 8 个供水人口在 20 万人以上的水厂水源地，包括万州区长石尾三水厂水源地、涪陵区糠壳湾二水厂水源地、九龙坡区九龙坡和尚山水厂水源地、南岸区南坪镇南桥头黄角渡水厂水源地、渝中区大溪沟水厂水源地、江北区梁沱水厂水源地、江北区大兴村茶园江北水厂水源地、沙坪坝区嘉陵江高家花园水厂水源地。每个饮用水水源地取 1 个表层水样。

4.2.2 监测参数及分析方法

监测参数和分析方法见表 4-2，实验室分析工作情况见图 4-5。水质、水生生物、富营养化、饮用水水源地各类型监测参数如下：

1）水质监测参数：包括水温、pH 值、溶解氧、高锰酸盐指数、五日生化需氧量、氨氮、总氮、总磷、砷、汞、铅、铜、石油类及有机氯农药、有机磷农药、多氯联苯、多环芳烃、藻毒素等。

2）水生生物监测参数：包括浮游植物种类和数量、浮游动物种类和数量、优势种。

3）支流富营养化监测参数：包括浮游植物种类和数量、浮游动物种类和数量、优势种；总磷、总氮、高锰酸盐指数、透明度、叶绿素 a。

4）饮用水水源地监测参数：①常规指标：水温、pH 值、溶解氧、高锰酸盐指数、氨氮、总磷、总氮、铜、锌、硒、砷、汞、镉、铅、硝酸盐、铁、锰等。②藻毒素：微囊藻毒素-RR（MC-RR）、微囊藻毒素-YR（MC-YR）、微囊藻毒素-LR（MC-LR）。③集中式生活饮用水地表水源地特定项目：有机农药、多氯联苯、多环芳烃等。

表 4-2 部分代表性监测参数及分析方法

序号	项目	分析方法	方法来源
一	水质		
1	水温	温度计法	GB 13195—1991
2	pH 值	玻璃电极法	GB 6920—1986
3	溶解氧	电化学探头法	GB 11913—1989
4	透明度	塞氏圆盘法	SL 87—1994
5	高锰酸盐指数	酸性法	GB 11892—1989
6	化学需氧量	重铬酸盐法	HJ/T 399—2007
7	五日生化需氧量	稀释与接种法	HJ 505—2009
8	氨氮	纳氏试剂比色法	HJ 535—2009
9	总磷	钼酸铵分光光度法	GB 11893—1989
10	总氮	紫外分光光度法	GB 11894—1989
11	铜	电感耦合等离子体光谱法	GB/T 5750.6—2006
12	锌	电感耦合等离子体光谱法	GB/T 5750.6—2006
13	砷	冷原子荧光法	SL 327.1—2005
14	汞	冷原子荧光法	SL 327.2—2005
15	镉	原子吸收分光光度法	GB 7475—1987
16	铅	电感耦合等离子体光谱法	GB/T 5750.6—2006
17	石油类	红外分光光度法	GB/T 16488—1996
18	有机氯农药	气相色谱法	GB/T 5750.9—2006
19	有机磷农药	气相色谱法	GB/T 5750.9—2006
20	多环芳烃	液相色谱法	HJ 478—2009
21	多氯联苯	气相色谱法	SL 497—2010
22	微囊藻毒素	液相色谱法	GB/T 20466—2006
23	叶绿素 a	分光光度法	SL 88—1994
二	水生生物		
24	浮游植物定性和定量	镜检	《水和废水监测分析方法（第四版）》
25	浮游动物定性和定量	镜检	
26	底栖生物等定性和定量	镜检	《水生生物监测手册》

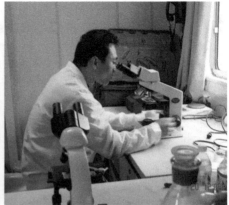

图 4-5　三峡水库调查监测实验室样品分析

4.2.3　质量控制与保障

为保证调查监测和分析质量，样品的采集方法、样品容器、采集量、保存以及分析测定各环节均严格执行《地表水环境质量标准》（GB 3838）、《水环境监测规范》（SL 219）、《地表水和污水监测技术规范》（HJ/T 91）、《水和废水监测分析方法（第四版）》《水生生物监测手册》以及各检测参数分析方法标准等要求。根据有关规定，还制定了严格的质量控制方案进行全过程质量控制。样品采样和检测过程中，开展空白样、平行样等采集以及质控盲样的测定；对监测数据进行精密度和准确度检验，开展数据合理性审核。质控结果表明，本次调查的监测数据总体满足准确性要求，数据有效可靠。

4.3　水生态环境质量评价与分析

4.3.1　干支流水质评价分析

三峡水库长江干流布设了寸滩、清溪场、沱口、官渡口、太平溪 5 个代表断面，每月开展了定期水质监测工作。通过对 2011—2015 年的水质类别月度和年度监测数据评价分析，并进行典型参数浓度变化分析，掌握三峡水库干流水质状况及变化特征。三峡水库典型支流，在每年定期开展水质巡测调查监测工作，其中 2011—2013 年对 28 条支流开展了全面水质调查监测工作，2014 年和 2015 年分别选择了 18 条和 17 条典型支流开展了水质调查监测工作。2011—2015 年分别监测支流断面 99 个、100 个、92 个、57 个和 61 个。对支流开展水质类别评价和典型参数浓度变化分析，掌握三峡水库支流水质状况及变化特征。

水质类别评价参照《地表水环境质量标准》（GB 3838），选取 pH 值、溶解氧、氨氮、高锰酸盐指数、化学需氧量、总磷、汞、砷、铜、铅、六价铬、石油类 12 项参评指标，采用单因子评价法进行评价。各参数评价类别限值见表 4-3。单因子评价即将每项参评指标与该指标不同类别的限值比较，确定其所属水质类别。若该指标超出Ⅲ类水质标准限值，则计算超标倍数（pH 值、溶解氧除外），断面水质类别取最劣的因子水质类别。超标倍数计算公式如下：

$$超标倍数=（某指标的浓度值-该指标的Ⅲ类水质标准）/$$
$$该指标的Ⅲ类水质标准$$

三峡水库支流各断面存在水流流速差异，按照通常原则，每条支流来水断面的总磷采用河流标准限值评价，其他回水区及河口断面均采用总磷湖库标准限值评价。

表 4-3 水质类别评价标准限值   单位：mg/L

序号	项目		I 类	II 类	III 类	IV 类	V 类
1	pH 值（量纲一）		6～9				
2	溶解氧	≥	饱和率 90%（或 7.5）	6	5	3	2
3	高锰酸盐指数	≤	2	4	6	10	15
4	化学需氧量（COD）	≤	15	15	20	30	40
5	氨氮（NH$_3$-N）	≤	0.15	0.5	1.0	1.5	2.0
6	总磷（以 P 计）	≤	0.02（湖、库 0.01）	0.1（湖、库 0.025）	0.2（湖、库 0.05）	0.3（湖、库 0.1）	0.4（湖、库 0.2）
7	铜	≤	0.01	1.0	1.0	1.0	1.0
8	砷	≤	0.05	0.05	0.05	0.1	0.1
9	汞	≤	0.000 05	0.000 05	0.000 1	0.001	0.001
10	镉	≤	0.001	0.005	0.005	0.005	0.01
11	铅	≤	0.01	0.01	0.05	0.05	0.1
12	石油类	≤	0.05	0.05	0.05	0.5	1.0

4.3.2 水生生物评价分析

三峡水库干支流水生生物监测评估主要针对浮游植物（浮游藻类）和浮游动物开展。主要参考《水和废水监测分析方法（第四版）》（国家环境保护总局，2002 年）和《水生生物监测手册》（国家环境保护局，1993 年）开展浮游植物和浮游动物定性和定量及优势种评价分析。浮游藻类和浮游动物种类鉴定，采用镜检法鉴定到种，同时开展种类分类计数统计和优势种评判分析。定量分析主要确定浮游植物和浮游动物密度，并根据相关数据进行群落组成分析。优势种的评判采用物种优势度指数（Y 值）来计算，Y 值＞0.02 的种类为优势种。优势种计算公式如下：

$$Y = \frac{n_i}{N} \times f_i$$

式中，Y 为物种优势度指数；n_i 为第 i 种物种的个体数；N 为各采样点位中所有种类的总个体数；f_i 为第 i 种物种在各采样点位出现的频率。

4.3.3 富营养化评价分析

支流富营养化评价参照《地表水环境质量评价办法（试行）》（环办〔2011〕22 号）（环境保护部，2011），按照规定应用综合营养状态指数法对库区支流水体富营养化状况进行评价。将叶绿素 a（Chl-a）、总磷（TP）、总氮（TN）、透明度（SD）、高锰酸盐指数（COD$_{Mn}$）作为富营养化状态评价指标，各指标营养状态指数计算公式如下：

$$TLI（Chl\text{-}a）=10（2.5+1.086\ lnChl\text{-}a）$$

$$TLI（TP）=10（9.436+1.624\ lnTP）$$

$$TLI（TN）=10（5.453+1.694\ lnTN）$$

$$TLI（SD）=10（5.118-1.94\ lnSD）$$

$$TLI（COD_{Mn}）=10（0.109+2.661\ lnCOD_{Mn}）$$

式中，叶绿素 a（Chl-a）单位为 μg/L；透明度（SD）单位为 m；其他指标单位均为 mg/L。

采用归一法计算各指标权重，各参数与基准参数 Chl-a 的相关系数见表 4-4，各指标权重计算公式为

$$w_i = \frac{r_{ij}^2}{\sum\limits_{i=1}^{m} r_{ij}^2}$$

式中，r_{ij} 为第 j 种参数与基准参数 Chl-a 的相关系数；m 为评价参数的个数。

表 4-4　各项指标与叶绿素 a 相关关系

参数	Chl-a	TP	TN	SD	COD$_{Mn}$
r_{ij}	1	0.84	0.82	−0.83	0.83
r_{ij}^2	1	0.705 6	0.672 4	0.688 9	0.688 9

综合营养状态指数计算公式：

$$TLI(\Sigma) = \sum_{j=1}^{m} W_j \cdot TLI(j)$$

式中，TLI(Σ)为综合营养状态指数；W_j为第 j 种参数的营养状态指数的相关权重；TLI(j)为第 j 种参数的营养状态指数。

采用 0～100 连续系列数字对营养状态进行分级、评价，分级标准如下：

TLI(Σ)＜30，贫营养；30≤TLI(Σ)≤50，中营养；TLI(Σ)＞50，富营养；50＜TLI(Σ)≤60，轻度富营养，60＜TLI(Σ)≤70，中度富营养；TLI(Σ)＞70，重度富营养。在同一营养状态下，指数值越高，其营养程度越重。

4.3.4　有机污染物评价分析

三峡水库干支流开展了有机磷农药、有机氯农药、多环芳烃、多氯联苯以及微量藻毒素的调查分析。这些有机物在《地表水环境质量标准》（GB 3838）和《生活饮用水卫生标准》（GB 5749）均有对应的浓度限值。对三峡水库有机物的评价分析，主要对照上述两个标准确定的目标有机污染物浓度限值开展比较分析，评价其是否满足浓度管控要求。本书涉及的主要有机污染物浓度限值评价标准限值见表 4-5。

表 4-5　有机污染物评价含量限值

分类	序号	物质名称	限值/（mg/L）	评价标准
有机磷农药	1	敌敌畏	0.05	《地表水环境质量标准》（GB 3838）
	2	乐果	0.08	
	3	甲基对硫磷	0.002	
	4	马拉硫磷	0.05	
	5	对硫磷	0.003	
有机氯农药	1	α-六六六	0.05	
	2	β-六六六	0.05	
	3	γ-六六六	0.05	
	4	δ-六六六	0.05	
	5	p,p'-DDE	0.001	
	6	p,p'-DDD	0.001	
	7	o,p'-DDT	0.001	
	8	p,p'-DDT	0.001	
微量藻毒素	1	微囊藻毒素	0.001	
多环芳烃	1	萘	0.002	《生活饮用水卫生标准》（GB 5749）
	2	苊		
	3	二氢苊		
	4	芴		
	5	菲		
	6	蒽		
	7	荧蒽		
	8	芘		
	9	苯并[a]蒽		
	10	䓛		
	11	苯并[b]荧蒽		
	12	苯并[k]荧蒽		
	13	苯并[a]芘		
	14	茚并[1,2,3-cd]芘		
	15	二苯并[a,h]蒽		
	16	苯并[g,h,i]苝		

分类	序号	物质名称	限值/（mg/L）	评价标准
多氯联苯	1	2-一氯联苯	0.000 5	《生活饮用水卫生标准》（GB 5749）
	2	3,3-二氯联苯		
	3	2,4,5-三氯联苯		
	4	2,2,4,4-四氯联苯		
	5	2,3,4,5,6-五氯联苯		
	6	2,2,3,3,6,6-六氯联苯		
	7	2,2,3,4,5,5-七氯联苯		
	8	2,2,3,3,4,4,5,5-八氯联苯		

4.3.5 饮用水水源地水质安全评价分析

三峡水库饮用水水源地的水质安全状况评价以 8 个重点饮用水水源地为对象，依据《城市饮用水水源地安全状况评价技术细则》（水利部水利水电规划设计总院，2005 年）确定的水质指标和相应的水质安全标准，评判水源地水质安全状况。

（1）评价指标和标准

水源地的水质安全状况用水质安全状况指数评价，由一般污染物指数和有毒污染物指数组成，分为 5 个等级，分别以指数 1、2、3、4、5 表达。

一般污染物指数评价项目选择溶解氧、高锰酸盐指数、氨氮、铜、锌、铁、锰和硒 8 项评价。有毒物染物指数评价项目选择砷、汞、镉、铅、对硫磷、甲基对硫磷、马拉硫磷、乐果、敌敌畏、苯并[a]芘、多氯联苯和微囊藻毒素-LR 12 项。单项水质指数的评价标准见表 4-6。

表 4-6　饮用水水源地水质安全评价标准　　　　　　　　单位：mg/L

项 目	指数等级对应的项目限值				
	1	2	3	4	5
一般污染物项目					
溶解氧	≥7.5	≥6	≥5	≥3	≥2
高锰酸盐指数	≤2	≤4	≤6	≤10	≤15

项 目	指数等级对应的项目限值				
	1	2	3	4	5
氨氮（NH₃-N）	≤0.15	≤0.5	≤1.0	≤1.5	≤2.0
铜	≤0.01	≤1.0			
锌	≤0.05	≤1.0		≤2.0	
铁	未检出	≤0.3		>0.3	
锰	未检出	≤0.1		>0.1	
硒	≤0.01			≤0.02	
有毒污染物项目					
砷	≤0.05			≤0.1	
汞	≤0.000 05		≤0.000 1	≤0.001	
镉	≤0.001		≤0.005		≤0.01
铅	≤0.01			≤0.05	≤0.1
对硫磷	未检出	≤0.003			>0.003
甲基对硫磷	未检出	≤0.002			>0.002
马拉硫磷	未检出	≤0.05			>0.05
乐果	未检出	≤0.08			>0.08
敌敌畏	未检出	≤0.05			>0.05
苯并[a]芘	未检出	≤2.8×10⁻⁶			>2.8×10⁻⁶
多氯联苯	未检出	≤2.0×10⁻⁵			>2.0×10⁻⁵
微囊藻毒素-LR	未检出	≤0.001			>0.001

（2）评价方法

1）一般污染物指数计算

一般污染物指数计算的具体步骤如下：

①计算单项指标指数。当评价项目 i 的监测值 C_i 处于评价标准分级值 C_{iok} 和 C_{iok+1} 之间时，该评价指标的指数计算公式为

$$I_i = \left(\frac{C_i - C_{iok}}{C_{iok+1} - C_{iok}} \right) + I_{iok}$$

式中，C_i 为 i 指标的实测浓度；C_{iok} 为 i 指标的 k 级标准浓度；C_{iok+1} 为 i 指标的 $k+1$ 级标准浓度；I_{iok} 为 i 指标的 k 级标准指数值。

②计算一般污染物综合指数（WQI），其值是各单项指数的算术平均值。即

$$WQI = \frac{1}{n}\sum_{i=1}^{n}I_i \quad (i=1, 2, \cdots, n)$$

式中，n 为参与评价的指标数。

③确定评价类别：

当 $0 < WQI \leq 1$ 时，水质指数为 1；

当 $1 < WQI \leq 2$ 时，水质指数为 2；

当 $2 < WQI \leq 3$ 时，水质指数为 3；

当 $3 < WQI \leq 4$ 时，水质指数为 4；

当 $4 < WQI \leq 5$ 时，水质指数为 5。

④某些细节处理：

a. 关于溶解氧指标的指数计算。溶解氧与一般指标（项目）不同，溶解氧越大，水质越好，所以溶解氧的计算公式与其他指标的指数计算公式相反。

b. 两级或多级标准值相等的处理。当标准中两级分级值或多级分级值相同时，单项指标指数按下列公式计算。即

$$I_i = \left(\frac{C_i - C_{iok}}{C_{iok+1} - C_{iok}}\right) \times m + I_{iok}$$

式中，m 为相同标准的个数。如地表水锌的含量为 0.81 mg/L 时，其单项指数：

$$I_i = \frac{0.81 - 0.05}{1.0 - 0.05} \times 2 + 1 = 2.60$$

当只有一个区域时，如果该项目未检测出来，则评价指数 $I_i = 1$；如监测值小于所给标准，则评价指数 $I_i = 2$；如监测值大于所给标准，则评价指数 $I_i = 5$。

c. $C_i > C_{io5}$ 的处理。当 $C_i > C_{io5}$ 时，为劣 V 类水，其单项指标指数一律计为 $I_i = 5$。

2）有毒污染物指数计算

有毒污染物指数计算的具体步骤如下：

①单项指标指数的计算与一般污染物项目指数计算相同；

②有毒污染物综合指数，取其各单项指数最大值为有毒污染物综合指数，即采用水质项目评价最差的指数作为有毒污染物指数的评判结果。

（3）水质安全状况综合指数

水质安全状况综合指数＝0.3×一般污染物综合指数+0.7×有毒污染物综合指数；得到的指数要四舍五入。综合指数 1 和 2 表示安全，3 表示基本安全，4 和 5 表示不安全。

第 5 章

三峡水库高水位运行期水质特征分析研究

　　三峡工程自 2003 年蓄水位达到 135 m 后，三峡水库水位则分阶段抬升，三峡水库干支流回水范围逐步向库尾上游延伸，同时库中和库首区段的水流速趋缓，水文情势由之前的河流形态逐步向河流—湖泊交替的形态转换，由此带来的水质变化问题一直是社会各界关注的焦点。本章按照干流和支流分别开展了 2011—2015 年三峡水库高水位运行期水质特征分析和研究，并结合历史水质监测数据和资料（1999—2010 年），对三峡水库蓄水前、135 m 蓄水期、156 m 蓄水期和 175 m 试验性蓄水期的各时段水质状况做了回顾性分析和比较。干流水质特征研究重点从高水位运行期的水质状况、不同调度期的水质状况、不同历史蓄水期的水质状况对比和干流主要污染物解析 4 个方面开展分析，从多个视角较为深入地研究了三峡水库干流水质特征。支流水质特征研究，重点从支流高水位运行期水质、不同历史蓄水期水质对比和支流主要污染物解析 3 个方面开展分析，较为细致地研究了三峡水库支流水质特征。

5.1　三峡水库干流水质特征分析

5.1.1　干流分年度水质状况评析

5.1.1.1　2011 年干流水质状况评析

（1）干流水质特征

2011 年三峡水库长江干流月度及年度水质类别评价结果见表 5-1。三峡水库 2011 年干流主要水质特征如下：

1）干流年度水质总体较好，除清溪场断面水质类别为Ⅳ类外（总磷略有超标），寸滩、沱口、官渡口、太平溪 4 个断面年度水质均符合Ⅱ～Ⅲ类水质标准。

2）干流月度水质类别总体上以Ⅲ类为主，占比为 56.7%，其次为Ⅱ类，占比为 23.3%；此外，Ⅳ类占比为 18.3%，Ⅴ类占比为 1.7%（图 5-1）。

表 5-1　2011 年三峡水库长江干流主要代表断面水质类别

月份	寸滩	清溪场	沱口	官渡口	太平溪
1	Ⅲ	Ⅳ（TP 0.07）	Ⅲ	Ⅱ	Ⅱ
2	Ⅲ	Ⅳ（TP 0.13）	Ⅲ	Ⅱ	Ⅲ
3	Ⅲ	Ⅳ（TP 0.11）	Ⅲ	Ⅲ	Ⅲ
4	Ⅲ	Ⅴ（TP 0.61）	Ⅳ（TP 0.15）	Ⅲ	Ⅲ
5	Ⅲ	Ⅳ（TP 0.07）	Ⅳ（TP 0.16）	Ⅲ	Ⅳ（TP 0.05）
6	Ⅲ	Ⅳ（TP 0.30）	Ⅲ	Ⅲ	Ⅲ
7	Ⅳ（COD_{Mn} 0.09、TP 0.37）	Ⅳ（COD_{Mn} 0.08、TP 0.34）	Ⅲ	Ⅲ	Ⅱ
8	Ⅲ	Ⅳ（TP 0.23）	Ⅲ	Ⅲ	Ⅱ
9	Ⅲ	Ⅲ	Ⅱ	Ⅱ	Ⅱ
10	Ⅲ	Ⅲ	Ⅱ	Ⅱ	Ⅱ
11	Ⅲ	Ⅲ	Ⅱ	Ⅱ	Ⅱ
12	Ⅲ	Ⅲ	Ⅲ	Ⅱ	Ⅱ
全年	Ⅲ	Ⅳ（TP 0.06）	Ⅲ	Ⅱ	Ⅱ

注：括号中为超标项目及超标倍数。

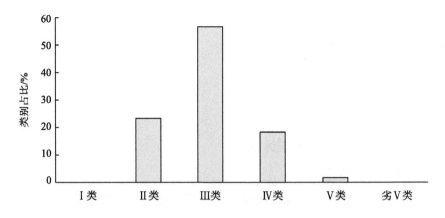

图 5-1　2011 年三峡水库干流月度水质类别占比

从各代表断面来看，5 个代表断面月度水质类别以Ⅱ类或Ⅲ类为主，各代表断面水质类别比例构成详见图 5-2。寸滩水质类别以Ⅲ类为主，占比为 91.7%，其次为Ⅳ类，占比为 8.3%；清溪场水质类别以Ⅳ类为主，占比为 58.3%，其次为Ⅲ类和Ⅴ类，分别占比为 33.3% 和 8.3%；沱口水质类别以Ⅲ类为主，占比为 66.7%，其次为Ⅱ类和Ⅳ类，占比为同为 16.7%；官渡口水质类别Ⅱ类和Ⅲ类水各占比为 50%；太平溪水质类别以Ⅱ类为主，占比为 50.0%，其次为Ⅲ类和Ⅳ类，分别占比为 41.7% 和 8.3%。

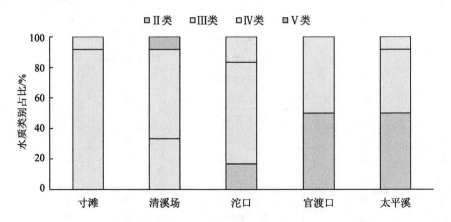

图 5-2　2011 年三峡水库干流各代表断面月度水质类别比例构成

3）三峡水库干流水质沿程总体趋好，位于库下游的坝前和库首断面（太平溪和官渡口）水质优于库中断面（沱口），也总体好于库上游的库腹和库尾断面（清溪场和寸滩）。坝前、库首以及库尾断面月度水质类别符合（或优于）Ⅲ类水质标准的比例高达 91.7%～100%，高于库中断面沱口（83.3%）和库腹断面清溪场（33.3%）（图 5-3）。

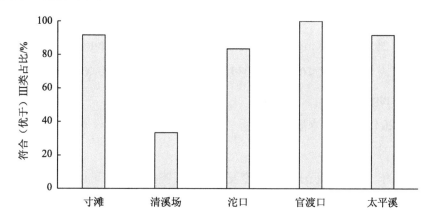

图 5-3　2011 年三峡水库干流断面月度水质符合（或优于）Ⅲ类水质标准的比例

4）三峡水库干流按月度来看，水质主要超标参数为总磷和高锰酸盐指数，超标率分别为 20.0% 和 3.3%；其中总磷超标倍数为 0.05～0.61 倍，高锰酸盐指数超标倍数为 0.08～0.09 倍。超标断面主要集中在库腹和库中的清溪场与沱口断面，库尾的寸滩断面和坝前的太平溪断面分别有一次超标的情况。这些超标和当月悬浮物含量出现升高有一定关系，总磷和高锰酸盐指数含量一般随悬浮物的升高而增高。三峡水库悬浮物的升高由降雨冲刷和沿程沉降等因素共同作用，水库上中游断面悬浮物含量较其他断面相对较高，致使部分断面总磷和高锰酸盐指数相对易超出Ⅲ类水质标准。

（2）参数含量水平

2011 年三峡水库干流寸滩、清溪场、沱口、官渡口、太平溪 5 个代表断面各参数含量统计如下：

pH 值各断面月均值变幅为 7.8～8.2，干流平均为 8.0；溶解氧各断面月均值变幅为 6.6～10.2 mg/L，干流平均值为 8.2 mg/L；五日生化需氧量变幅为 0.7～1.0 mg/L，干流平均值为 0.9 mg/L；氨氮变幅为＜0.05～0.27 mg/L，干流平均值为 0.12 mg/L；高锰酸盐指数变幅为 1.3～6.5 mg/L，干流平均值为 2.2 mg/L；总磷变幅为 0.07～0.32 mg/L，干流平均值 0.15 mg/L；汞变幅为＜0.000 01～0.000 05 mg/L，干流平均值＜0.000 01 mg/L；镉变幅为＜0.001 0～0.001 6 mg/L，干流平均值＜0.001 0 mg/L；铜变幅为＜0.005～0.029 mg/L，干流平均值为 0.012 mg/L；铅变幅为＜0.010～0.039 mg/L，干流平均值为＜0.010 mg/L；砷含量均＜0.007 mg/L。

5.1.1.2　2012 年干流水质状况评析

（1）干流水质特征

2012 年三峡水库长江干流月度及年度水质类别评价结果见表 5-2。三峡水库 2012 年干流主要水质特征如下：

1）干流年度水质总体较好，除清溪场断面水质类别为Ⅳ类外，寸滩、沱口、官渡口、太平溪 4 个断面的水质类别均为Ⅲ类。

2）干流月度水质类别总体上水质类别以Ⅲ类为主，占比为 50.0%，其次为Ⅱ类，占比为 23.3%；此外，Ⅳ类占比为 21.7%，Ⅴ类占比为 3.3%，劣Ⅴ类占比为 1.7%（图 5-4）。

从各代表断面来看，5 个代表断面月度水质类别以Ⅱ类或Ⅲ类为主，各代表断面水质类别比例构成详见图 5-5。寸滩水质类别以Ⅲ类为主，占比为 66.7%，其次为Ⅳ类和Ⅱ类，分别占比 16.7% 和 8.3%；清溪场水质类别以Ⅲ类和Ⅳ类为主，占比同为 41.7%，其次为Ⅴ类和劣Ⅴ类，占比同为 8.3%；沱口水质类别以Ⅲ类为主，占比为 58.3%，其次为Ⅳ类，占比为 41.7%；官渡口水质类别以Ⅱ类为主，占比为 66.7%，其次为Ⅲ类类，占比为 33.3%；太平溪水质类别以Ⅲ类为主，占比为 50.0%，其次为Ⅱ类和Ⅳ类，分别占比为 41.7% 和 8.3%。

表 5-2　2012 年三峡水库长江干流主要代表断面水质类别

月份	寸滩	清溪场	沱口	官渡口	太平溪
1	III	III	III	II	III
2	III	IV（TP 0.25）	III	II	III
3	III	IV（TP 0.16）	III	II	III
4	III	III	IV（TP 0.14）	II	III
5	III	IV（TP 0.15）	IV（TP 0.09）	II	IV（TP 0.01）
6	III	V（TP 0.72）	IV（TP 0.08）	III	III
7	IV（TP 0.50）	IV（TP 0.39）	IV（TP 0.45）	III	III
8	IV（TP 0.46）	IV（TP 0.48）	IV（TP 0.07）	III	II
9	V（TP 0.89）	劣 V（COD_{Mn} 0.14、TP 1.04）	III	III	II
10	III	III	III	II	II
11	II	III	III	II	II
12	III	III	III	II	II
全年	III	IV（TP 0.19）	III	III	III

注：括号中内容为超标参数及超标倍数。

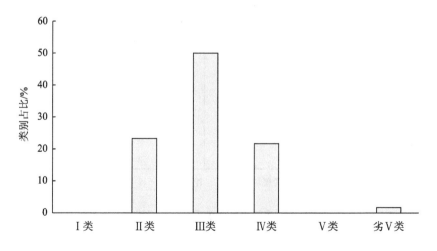

图 5-4　2012 年三峡水库干流月度水质类别占比

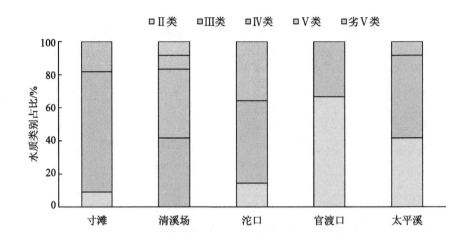

图 5-5 2012 年三峡水库干流各代表断面月度水质类别比例构成

3）三峡水库干流水质沿程总体趋好，下游的坝前和库首断面水质优于上游的库尾和库腹及库中断面。坝前和库首的官渡口和太平溪断面月度水质类别符合（或优于）Ⅲ类水质标准的比例分别达到 100% 和 91.7%，高于寸滩（75.0%）、清溪场（41.7%）和沱口（58.3%）（图 5-6）。

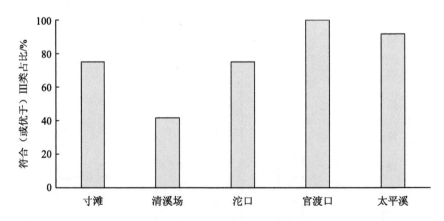

图 5-6 2012 年三峡水库干流断面月度水质符合（或优于）Ⅲ类水质标准的比例

4）三峡水库干流按月度来看，水质超标参数为总磷，超标率为 26.7%；高锰酸盐指数仅超标 1 次，超标率为 1.7%。总磷超标倍数为 0.01～1.04 倍，高锰酸盐指数超标倍数为 0.14 倍。

（2）参数含量水平

2012 年三峡水库干流寸滩、清溪场、沱口、官渡口、太平溪 5 个断面各参数含量统计如下：

pH 值各断面月均值变幅为 7.9～8.2，干流平均为 8.1；溶解氧各断面月均值变幅为 6.0～10.2 mg/L，干流平均值为 8.4 mg/L；五日生化需氧量变幅为 0.7～1.0 mg/L，干流平均值为 0.9 mg/L；氨氮变幅为 <0.05～0.26 mg/L，干流平均值为 0.08 mg/L；高锰酸盐指数变幅为 1.4～6.8 mg/L，干流平均值为 2.5 mg/L；总磷变幅为 0.07～0.41 mg/L，干流平均值为 0.18 mg/L；汞变幅为 <0.000 01～0.000 05 mg/L，干流平均值 <0.000 01 mg/L；镉变幅为 <0.001 0～0.002 2 mg/L，干流平均值 <0.001 0 mg/L；铜变幅为 <0.005～0.043 mg/L，干流平均值为 0.013 mg/L；铅变幅为 <0.010～0.046 mg/L，干流平均值为 0.011 mg/L；砷含量均 <0.007 mg/L。

5.1.1.3　2013 年干流水质状况评析

（1）干流水质特征

2013 年三峡水库长江干流月度及年度水质类别评价结果见表 5-3。三峡水库 2013 年干流主要水质特征如下：

1）干流年度水质总体较好，除清溪场断面水质类别为Ⅳ类外，寸滩、沱口、官渡口、太平溪 4 个断面的水质类别均为Ⅲ类。

2）干流月度水质类别总体上以Ⅲ类为主，占比为 62%，Ⅱ类占比为 15%；此外，Ⅳ类占比为 20%，Ⅴ类占比为 3%（图 5-7）。

从各代表断面来看，5 个代表断面月度水质类别以Ⅱ～Ⅲ类为主，各代表断面水质类别比例构成详见图 5-8。寸滩水质类别以Ⅲ类为主，占比为 75%，其次为Ⅳ类和Ⅱ类，分别占比 17% 和 8%；清溪场水质类别以Ⅲ类和Ⅳ类为主，占比同为42%，其次为Ⅴ类，占比为16%；沱口水质类别以Ⅲ类为主，占比为67%，其次为Ⅳ类，占比为33%；官渡口水质类别以Ⅲ类为主，占比为75%，其次为Ⅱ类和Ⅳ类，分别占比17%和8%；太平溪水质类别以Ⅱ类和Ⅲ类为主，占比同为50%。

表5-3 2013年三峡水库长江干流主要代表断面水质类别

月份	寸滩	清溪场	沱口	官渡口	太平溪
1	Ⅲ	Ⅴ（TP 0.60）	Ⅲ	Ⅲ	Ⅱ
2	Ⅲ	Ⅳ（TP 0.35）	Ⅲ	Ⅲ	Ⅱ
3	Ⅲ	Ⅳ（TP 0.10）	Ⅳ（TP 0.10）	Ⅳ（TP 0.05）	Ⅲ
4	Ⅲ	Ⅳ（TP 0.15）	Ⅳ（TP 0.15）	Ⅲ	Ⅲ
5	Ⅲ	Ⅲ	Ⅲ	Ⅲ	Ⅲ
6	Ⅲ	Ⅳ（TP 0.50）	Ⅳ（TP 0.05）	Ⅲ	Ⅲ
7	Ⅳ（COD_{Mn} 0.32、TP 0.15）	Ⅴ（COD_{Mn} 0.22、TP 0.70）	Ⅳ（TP 0.15）	Ⅲ	Ⅲ
8	Ⅳ（TP 0.2）	Ⅳ（TP 0.25）	Ⅲ	Ⅲ	Ⅱ
9	Ⅲ	Ⅲ	Ⅲ	Ⅲ	Ⅱ
10	Ⅱ	Ⅲ	Ⅲ	Ⅲ	Ⅱ
11	Ⅲ	Ⅲ	Ⅲ	Ⅱ	Ⅱ
12	Ⅲ	Ⅲ	Ⅲ	Ⅱ	Ⅲ
全年	Ⅲ	Ⅳ（TP 0.10）	Ⅲ	Ⅲ	Ⅲ

注：括号中内容为超标参数及超标倍数。

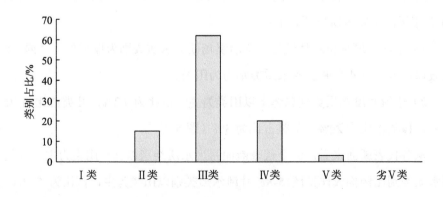

图5-7 2013年三峡水库干流月度水质类别占比

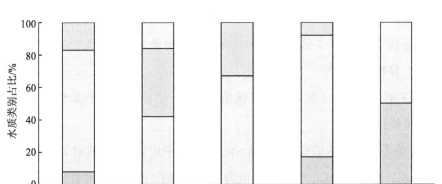

图 5-8 2013 年三峡水库干流各代表断面月度水质类别比例构成

3）三峡水库干流水质沿程总体趋好，坝前和库首断面水质优于上游库尾、库腹、库中断面。坝前和库首的官渡口和太平溪断面月度水质类别符合（或优于）Ⅲ类水质标准的比例分别达到 100% 和 92%，高于寸滩（83%）、清溪场（42%）和沱口（67%）（图 5-9）。

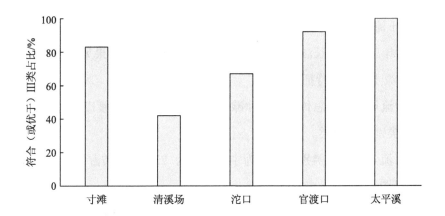

图 5-9 2013 年三峡水库干流断面月度水质符合（或优于）Ⅲ类水质标准的比例

4）三峡水库干流按月度来看，水质主要超标参数为总磷和高锰酸盐指数。总磷月度超标 14 次，超标率为 23%；高锰酸盐指数超标仅 2 次，超标率为 3%。总磷超标倍数为 0.05～0.7 倍，高锰酸盐指数超标倍数为 0.22～0.32 倍。

（2）参数含量水平

2013 年三峡水库干流寸滩、清溪场、沱口、官渡口、太平溪 5 个代表断面各参数含量统计如下：

pH 值各断面月均值变幅为 7.8～8.2，干流平均为 8.1；溶解氧各断面月均值变幅为 6.1～11.0 mg/L，干流平均值为 8.4 mg/L；五日生化需氧量变幅为 0.7～1.1 mg/L，干流平均值为 0.9 mg/L；氨氮变幅为＜0.025～0.24 mg/L，干流平均值为 0.09 mg/L；高锰酸盐指数变幅为 1.3～7.9 mg/L，干流平均值为 2.3 mg/L；总磷变幅为 0.06～0.34 mg/L，干流平均值为 0.16 mg/L；汞变幅为＜0.000 01～0.000 03 mg/L，干流平均值＜0.000 01 mg/L；镉变幅为＜0.001 0～0.002 mg/L，干流平均值＜0.001 0 mg/L；铜变幅为＜0.005～0.013 mg/L，干流平均值为＜0.005 mg/L；铅变幅为＜0.010～0.021 mg/L，干流平均值为 0.005 mg/L；砷含量均＜0.007 mg/L。

5.1.1.4 2014 年干流水质状况评析

（1）干流水质特征

2014 年三峡水库长江干流月度及年度水质类别评价结果见表 5-4。三峡水库 2014 年干流主要水质特征如下：

1）干流年度水质总体较好，寸滩、清溪场、沱口、官渡口、太平溪 5 个代表断面水质类别均为Ⅲ类。

2）干流月度水质类别以Ⅲ类为主，占比为 75%，Ⅱ类占比 18%；此外Ⅳ类占比 7%（图 5-10）。

从各代表断面来看，5 个代表断面月度水质类别以Ⅲ类为主，各代表断面水质类别比例构成详见图 5-11。寸滩水质类别以Ⅲ类为主，占比为 92%，其次为Ⅳ类，占比为 8%；清溪场水质类别以Ⅲ类为主，占比为 58%，其次为Ⅳ类，占比为 25%，Ⅱ类占比为 17%；沱口水质类别全部为Ⅲ类，占比为 100%；官渡口水质类别以Ⅲ类为主，占比为 58%，其次为Ⅱ类，占比为 42%；太平溪水质类别以Ⅲ类为主，占比为 67%，其次为Ⅱ类，占比为 33%。

表 5-4　2014 年三峡水库长江干流主要代表断面水质类别

月份	寸滩	清溪场	沱口	官渡口	太平溪
1	Ⅲ	Ⅳ（TP 0.20）	Ⅲ	Ⅲ	Ⅲ
2	Ⅲ	Ⅳ（TP 0.20）	Ⅲ	Ⅲ	Ⅲ
3	Ⅳ（TP 0.05）	Ⅲ	Ⅲ	Ⅲ	Ⅲ
4	Ⅲ	Ⅲ	Ⅲ	Ⅲ	Ⅲ
5	Ⅲ	Ⅲ	Ⅲ	Ⅲ	Ⅲ
6	Ⅲ	Ⅳ（TP 0.30）	Ⅲ	Ⅲ	Ⅲ
7	Ⅲ	Ⅲ	Ⅲ	Ⅲ	Ⅲ
8	Ⅲ	Ⅲ	Ⅲ	Ⅱ	Ⅱ
9	Ⅲ	Ⅱ	Ⅲ	Ⅱ	Ⅱ
10	Ⅲ	Ⅲ	Ⅲ	Ⅱ	Ⅱ
11	Ⅲ	Ⅱ	Ⅲ	Ⅱ	Ⅱ
12	Ⅲ	Ⅲ	Ⅲ	Ⅱ	Ⅱ
全年	Ⅲ	Ⅲ	Ⅲ	Ⅲ	Ⅲ

注：括号中内容为超标参数及超标倍数。

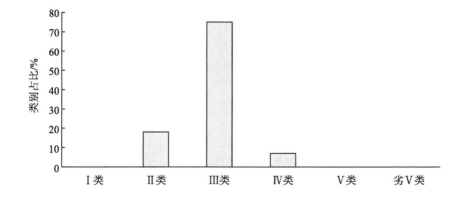

图 5-10　2014 年三峡水库干流月度水质类别占比

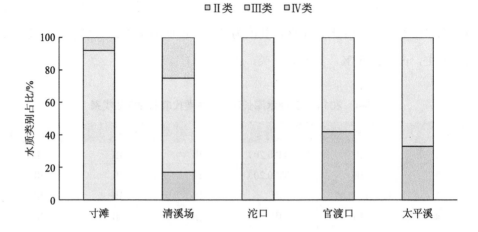

图 5-11　2014 年三峡水库干流各代表断面月度水质类别比例构成

3）三峡水库干流水质沿程总体趋好，坝前、库首断面水质优于上游库尾、库腹、库中断面。坝前和库首的太平溪和官渡口断面以及库中的沱口断面月度水质类别符合（或优于）Ⅲ类水质标准的比例分别达到 100%，高于寸滩（92%）和清溪场（75%）（图 5-12）。

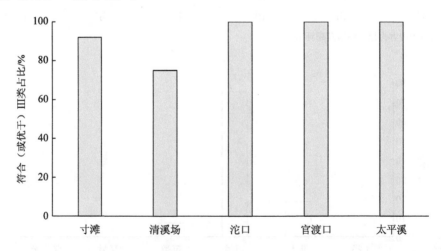

图 5-12　2014 年三峡水库干流断面月度水质符合（或优于）Ⅲ类水质标准的比例

4）三峡水库干流按月度来看，水质主要超标参数为总磷。总磷月度超标 4 次，超标率为 6.7%。总磷超标倍数为 0.05～0.3 倍。

（2）参数含量水平

2014 年三峡水库干流寸滩、清溪场、沱口、官渡口、太平溪 5 个代表断面各参数含量统计如下：

pH 值各断面月均值变幅为 8.0～8.2，干流平均为 8.1；溶解氧各断面月均值变幅为 7.8～8.8 mg/L，干流平均值为 8.4 mg/L；五日生化需氧量变幅为 0.8～1.2 mg/L，干流平均值为 1.0 mg/L；氨氮变幅为 0.036～0.134 mg/L，干流平均值为 0.097 mg/L；高锰酸盐指数变幅为 1.6～2.4 mg/L，干流平均值为 2.1 mg/L；总磷变幅为 0.13～0.17 mg/L，干流平均值为 0.15 mg/L；汞月均值保持为＜0.000 01 mg/L，干流平均值＜0.000 01 mg/L；镉月均值保持为＜0.001 0 mg/L，干流平均值＜0.001 0 mg/L；铜变幅为＜0.005～0.007 mg/L，干流平均值为＜0.005 mg/L；铅变幅为＜0.010～0.014 mg/L，干流平均值为＜0.010 mg/L；砷含量均＜0.007 mg/L。

5.1.1.5　2015 年干流水质状况评析

（1）干流水质特征

2015 年三峡水库长江干流月度及年度水质类别评价结果见表 5-5。三峡水库 2015 年干流主要水质特征如下：

1）干流年度水质总体较好，寸滩、清溪场、沱口、官渡口、太平溪 5 个代表断面的水质类别均为Ⅲ类。

2）干流月度水质类别为Ⅱ～Ⅲ类，总体上以Ⅲ类为主，占比为 73%，Ⅱ类占比为 27%（图 5-13）。

从各代表断面来看，5 个代表断面月度水质类别以Ⅱ～Ⅲ类为主，各代表断面水质类别比例构成详见图 5-14。寸滩水质类别以Ⅲ类为主，占比为 83%，其次为Ⅱ类，占比为 17%；清溪场水质类别以Ⅲ类为主，占比为 92%，其次为Ⅱ类，占比为 8%；沱口水质类别以Ⅲ类为主，占比为 67%，其次为Ⅱ类，占比为 33%；官渡口水质类别以Ⅲ类为主，占比为 58%，其次为Ⅱ类，占比为 42%；太平溪水质类别以Ⅲ类为主，占比为 67%，其次为Ⅱ类，占比为 33%。

表 5-5　2015 年三峡水库长江干流主要代表断面水质类别

月份	寸滩	清溪场	沱口	官渡口	太平溪
1	Ⅲ	Ⅲ	Ⅲ	Ⅲ	Ⅲ
2	Ⅲ	Ⅲ	Ⅲ	Ⅲ	Ⅲ
3	Ⅲ	Ⅲ	Ⅲ	Ⅲ	Ⅲ
4	Ⅲ	Ⅲ	Ⅲ	Ⅲ	Ⅲ
5	Ⅲ	Ⅲ	Ⅲ	Ⅲ	Ⅲ
6	Ⅲ	Ⅲ	Ⅱ	Ⅲ	Ⅲ
7	Ⅲ	Ⅲ	Ⅲ	Ⅲ	Ⅲ
8	Ⅲ	Ⅲ	Ⅲ	Ⅲ	Ⅲ
9	Ⅲ	Ⅲ	Ⅱ	Ⅱ	Ⅱ
10	Ⅲ	Ⅱ	Ⅱ	Ⅱ	Ⅱ
11	Ⅱ	Ⅲ	Ⅱ	Ⅱ	Ⅱ
12	Ⅱ	Ⅲ	Ⅱ	Ⅱ	Ⅱ
全年	Ⅲ	Ⅲ	Ⅲ	Ⅲ	Ⅲ

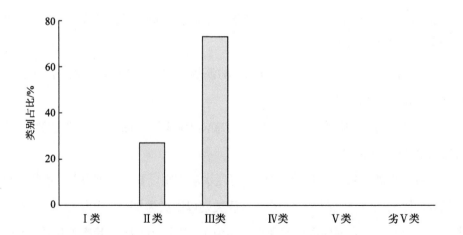

图 5-13　2015 年三峡水库干流月度水质类别占比

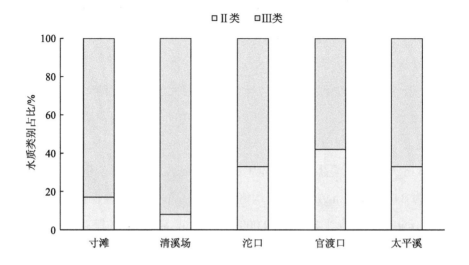

图 5-14 2015 年三峡水库干流各代表断面月度水质类别比例构成

3）三峡水库干流水质沿程总体均较好，干流全部 5 个代表断面月度水质类别符合（或优于）Ⅲ类水质标准的比例均为 100%（图 5-15）。由图 5-14 可知，库中沱口断面以下Ⅱ类水质月度占比进一步提升，表明三峡水库干流沿程水质进一步趋好。

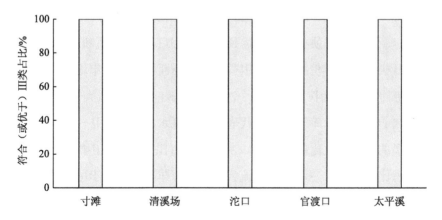

图 5-15 2015 年三峡水库干流断面月度水质符合（或优于）Ⅲ类水质标准的比例

（2）参数含量水平

2015 年三峡水库干流寸滩、清溪场、沱口、官渡口、太平溪 5 个代表断面各参数含量统计如下：

pH 值各断面月均值变幅为 7.7～8.6，干流平均为 8.1；溶解氧各断面月均值变幅为 6.1～9.9 mg/L，干流平均值为 8.2 mg/L；五日生化需氧量变幅为 0.7～1.2 mg/L，干流平均值为 0.9 mg/L；氨氮变幅为 0.010～0.201 mg/L，干流平均值为 0.074 mg/L；高锰酸盐指数变幅为 1.3～3.7 mg/L，干流平均值为 2.0 mg/L；总磷变幅为 0.07～0.17 mg/L，干流平均值为 0.12 mg/L；汞月均值保持＜0.000 01～0.000 02 mg/L，干流平均值＜0.000 01 mg/L；镉月均值保持＜0.001 0～0.002 0 mg/L，干流平均值＜0.001 0 mg/L；铜变幅为＜0.005～0.008 mg/L，干流平均值为＜0.005 mg/L；铅变幅为＜0.010～0.017 mg/L，干流平均值为＜0.010 mg/L；砷含量均＜0.007 mg/L。

5.1.2 干流水质状况比较分析

5.1.2.1 年度水质类别比较

2011—2015 年三峡水库干流 5 个代表断面年度水质类别以 II～III 类为主，除清溪场出现 IV 类外，其余 4 个代表断面年度水质类别均稳定为 II～III 类（图 5-16）。寸滩和沱口断面年度水质类别稳定达到 III 类，官渡口和太平溪断面 2011 年年度水质类别为 II 类，其余年份稳定达到 III 类；清溪场断面因总磷年均值超标，2011—2013 年年度水质类别为 IV 类，2014—2015 年好转，年度水质类别均达到 III 类。

总体来看，三峡水库干流 5 个代表断面年度水质类别以 II～III 类为主，符合或优于 III 类的断面频次比例为 88%，其中 II 类占比为 8%，III 类占比为 80%；超标的 IV 类占比为 12%。三峡水库干流代表断面每年符合或优于 III 类的年度水质类别比例均达 80% 以上，2014 年和 2015 年全库干流代表断面年度水质均符合 III 类水质标准，仅 2011—2013 年清溪场断面因总磷超标致使该断面水质类别达 IV 类水质标准（图 5-17）。

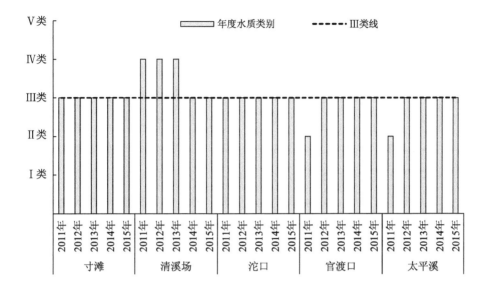

图 5-16 三峡水库干流代表断面年度水质类别构成

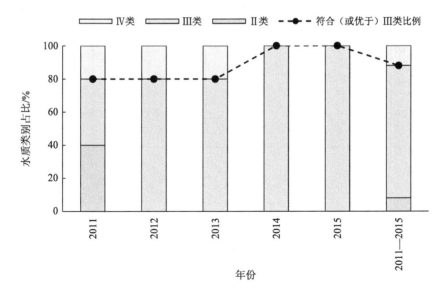

图 5-17 三峡水库干流代表断面年度水质类别总体比例构成

5.1.2.2 月度总体水质类别

对三峡水库 5 个干流断面全年进行水质类别评价分析表明：经过对全库 5 个代表断面 5 年 300 个测次的评价结果统计，三峡水库干流水质月度水质类别以Ⅱ～Ⅲ类为主（图 5-18 和图 5-19），符合或优于Ⅲ类的断面频次比例为 84.6%，其中，Ⅱ类占比为 21.1%，Ⅲ类占比为 63.5%；超标的Ⅳ类、Ⅴ类和劣Ⅴ类分别占比 13.4%、1.6% 和 0.4%，共计占比 15.4%。2011—2015 年，三峡水库干流代表断面月度水质总体呈略有下降后又逐步好转的趋势，2012 年全库干流断面符合或优于Ⅲ类的断面比例降为最低的 73%，2014 年上升到 93%，2015 年上升到 100%。值得注意的是，三峡水库 5 个代表断面 2013 年以前个别月份不定期出现过超出Ⅲ类水质标准的情况，其中清溪场断面最为突出（图 5-20～图 5-25）。

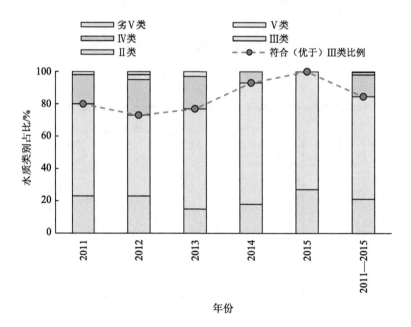

图 5-18　三峡水库干流代表断面月度水质类别总体比例构成

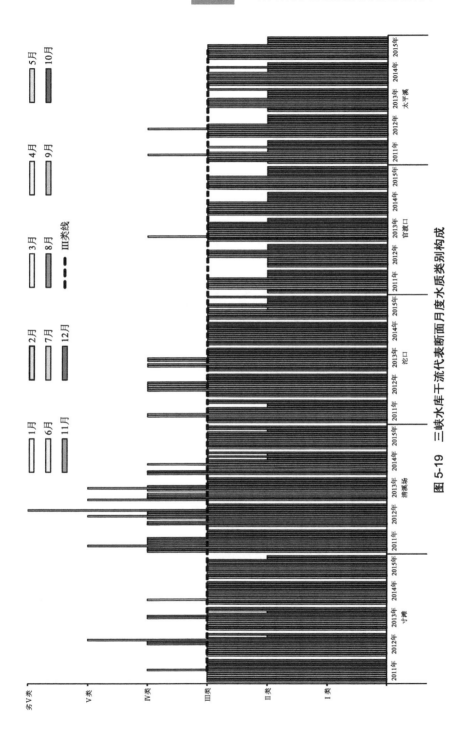

图 5-19 三峡水库干流代表断面月度水质类别构成

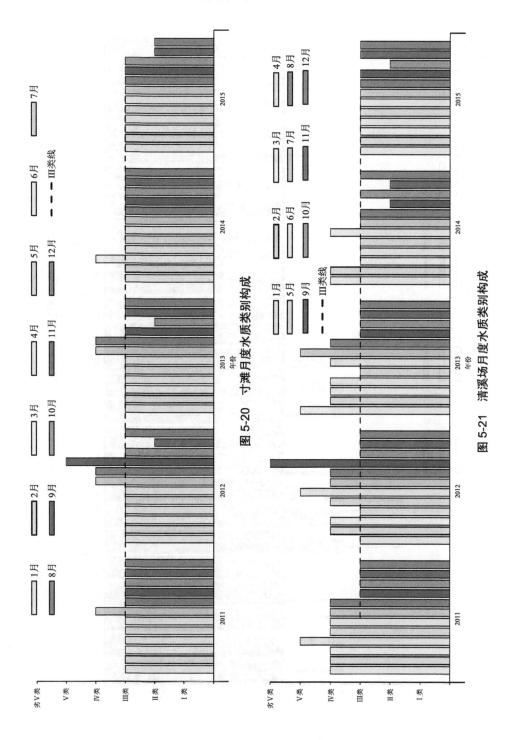

图 5-20 寸滩月度水质类别构成

图 5-21 清溪场月度水质类别构成

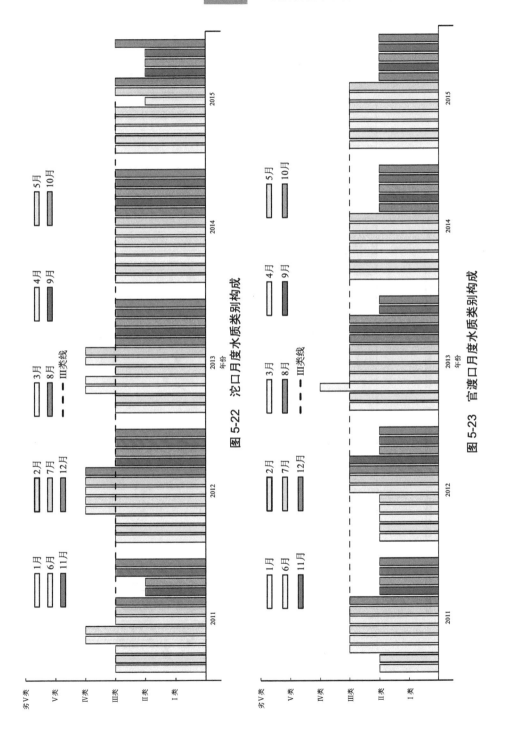

图 5-22　沱口月度水质类别构成

图 5-23　官渡口月度水质类别构成

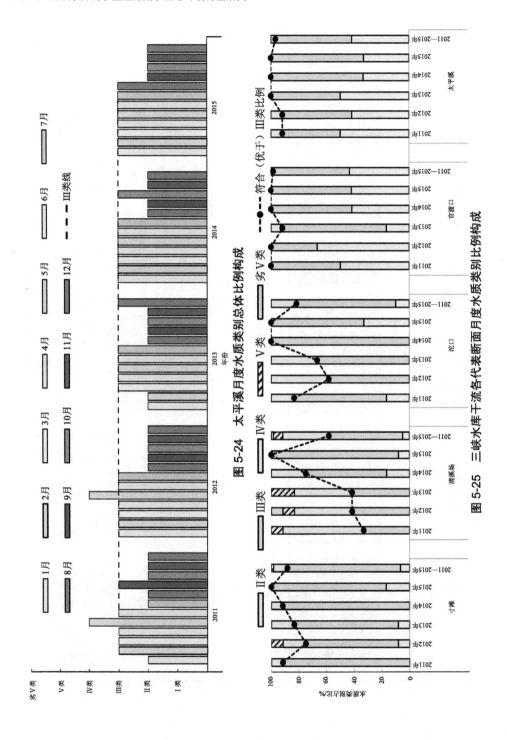

图 5-24 太平溪月度水质类别总体比例构成

图 5-25 三峡水库干流各代表断面月度水质类别比例构成

5.1.2.3　超标参数分析

　　三峡水库干流水质主要超标参数为总磷和高锰酸盐指数，超标断面主要集中在上中游的寸滩、清溪场和沱口断面，这 3 个断面总磷超标现象较多，而位于库下游的官渡口断面和太平溪断面总磷超标现象较少。清溪场断面高锰酸盐指数也较寸滩断面和沱口断面超标现象较多，官渡口断面和太平溪断面高锰酸盐指数未出现超标现象。

　　2011—2015 年库区干流 5 个代表断面 1—9 月出现过总磷超标，7 月和 9 月库中游及库上游断面出现高锰酸盐指数超标现象，其他参评水质参数在各月份均未超标。超标月份及月度水质类别和超标倍数见图 5-26 和图 5-27，详细分析如下。

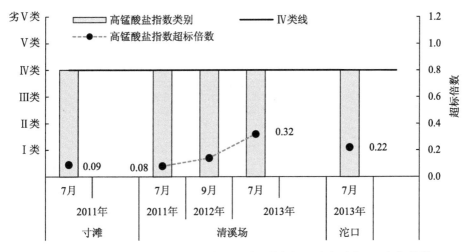

图 5-26　三峡水库干流各代表断面高锰酸盐指数超标月度水质类别及超标倍数

　　清溪场断面总磷 1—9 月出现过超标现象，总磷超标水质类别为Ⅳ～劣Ⅴ类，超标倍数为 0.07～1.04 倍；寸滩 3 月、7—9 月出现过总磷超标现象，总磷超标水质类别为Ⅳ～Ⅴ类，超标倍数为 0.05～0.89 倍；沱口 3—8 月出现过总磷超标现象，总磷超标水质类别为Ⅳ类，超标倍数为 0.05～0.45 倍；官渡口 3 月出现过 1 次总磷超标现象，总磷超标水质类别为Ⅳ类，超标倍数为 0.05 倍；太平溪 5 月出现过 2 次总磷超标现象，总磷超标水质类别为Ⅳ类，超标倍数为 0.01～0.05 倍。

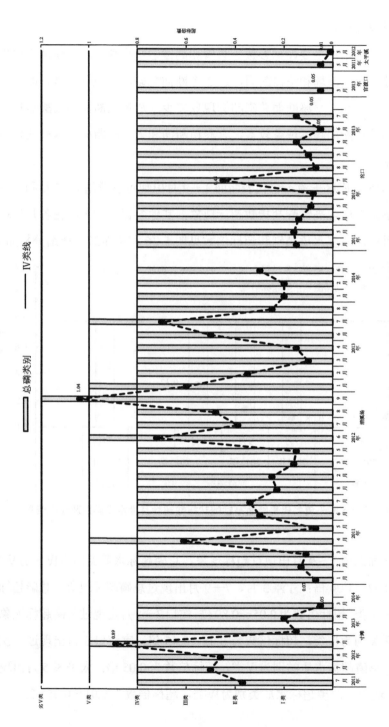

图 5-27 三峡水库干流各代表断面总磷超标月度水质类别及超标倍数

清溪场断面高锰酸盐指数 7 月和 9 月出现过 3 次超标现象，高锰酸盐指数超标水质类别为Ⅳ类，超标倍数为 0.08～0.32 倍；寸滩 7 月出现过 1 次高锰酸盐指数超标现象，超标水质类别为Ⅳ类，超标倍数为 0.09 倍；沱口 7 月出现过 1 次高锰酸盐指数超标现象，超标水质类别为Ⅳ类，超标倍数为 0.22 倍；官渡口和太平溪未出现高锰酸盐指数超标现象。

5.1.2.4　主要参数特征值统计

2011—2015 年三峡水库干流寸滩、清溪场、沱口、官渡口、太平溪 5 个代表断面各典型参数含量统计见表 5-6。

表 5-6　2011—2015 年三峡水库长江干流主要代表断面典型水质参数特征值

参数	分类	2011 年	2012 年	2013 年	2014 年	2015 年
pH 值	均值	8.0	8.1	8.1	8.1	8.1
	范围	7.8～8.2	7.9～8.2	7.8～8.2	8.0～8.2	7.7～8.6
溶解氧	均值	8.2	8.4	8.4	8.4	8.2
	范围	6.6～10.2	6.0～10.2	6.1～11.0	7.8～8.8	6.1～9.9
五日生化需氧量	均值	0.9	0.9	0.9	1.0	0.9
	范围	0.7～1.0	0.7～1.0	0.7～1.1	0.8～1.2	0.7～1.2
氨氮	均值	0.12	0.08	0.09	0.097	0.074
	范围	<0.05～0.27	<0.05～0.26	<0.025～0.24	0.036～0.134	0.010～0.201
高锰酸盐指数	均值	2.2	2.5	2.3	2.1	2.0
	范围	1.3～6.5	1.4～6.8	1.3～7.9	1.6～2.4	1.3～3.7
总磷	均值	0.15	0.18	0.16	0.15	0.12
	范围	0.07～0.32	0.07～0.41	0.06～0.34	0.13～0.17	0.07～0.17
汞	均值	<0.000 01	<0.000 01	<0.000 01	<0.000 01	<0.000 01
	范围	<0.000 01～0.000 05	<0.000 01～0.000 05	<0.000 01～0.000 03	<0.000 01	<0.000 01～0.000 02
镉	均值	<0.001 0	<0.001 0	<0.001 0	<0.001 0	<0.001 0
	范围	<0.001 0～0.001 6	<0.001 0～0.002 2	<0.001 0～0.002	<0.001 0	<0.001 0～0.002 0
铜	均值	0.012	0.013	<0.005	<0.005	<0.005
	范围	<0.005～0.029	<0.005～0.043	<0.005～0.013	<0.005～0.007	<0.005～0.008

参数	分类	2011 年	2012 年	2013 年	2014 年	2015 年
铅	均值	<0.010	0.011	0.005	<0.010	<0.010
	范围	<0.010~0.039	<0.010~0.046	<0.010~0.021	<0.010~0.014	<0.010~0.017
砷	均值	<0.007	<0.007	<0.007	<0.007	<0.007
	范围	<0.007	<0.007	<0.007	<0.007	<0.007

注：pH 值量纲为一，其他参数单位均为 mg/L。

5.1.2.5　干流水质状况比较分析

（1）年度水质类别变化对比分析

三峡水库干流水质总体较好，寸滩、沱口、官渡口和太平溪 4 个断面水质维持较好，年度水质类别保持在Ⅱ~Ⅲ类；清溪场水质略差，年度水质类别为Ⅲ~Ⅳ类。

具体来看，寸滩和沱口断面 2011—2015 年年度水质类别一直稳定为Ⅲ类，官渡口和太平溪断面年度水质类别由 2011 年的Ⅱ类变化并稳定到 2012—2015 年的Ⅲ类；清溪场断面水质虽略差，但年度水质类别由 2011—2013 年的Ⅳ类好转为 2014—2015 年的Ⅲ类（图 5-28）。

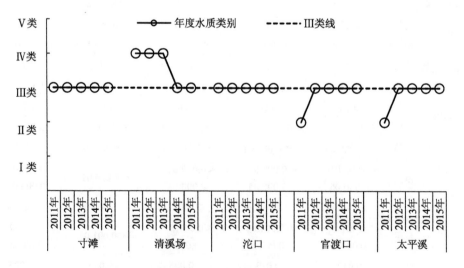

图 5-28　三峡水库干流代表断面年度水质类别对比

（2）年度水质参数变化对比分析

研究三峡水库干流 5 个代表断面水质参数的变化情况，对总磷、高锰酸盐指数、氨氮、铜 4 项特征参数按浓度年度均值统计分析，由图 5-29～图 5-32 可知：三峡水库干流总磷、高锰酸盐指数在空间沿程上呈现出由库上游至库下游逐渐降低的趋势，在时间尺度上呈现出 2012 年略增高之后逐步下降的趋势。氨氮在空间沿程上呈现出由库上游至库下游的总体变化不大，坝前略有降低的趋势，在时间尺度上，2012 年略有下降，之后又略有升高的趋势。铜在空间沿程上呈现出由库上游至库下游逐渐降低的趋势，在时间尺度上，2012 年略有增高，之后又急速下降的趋势。

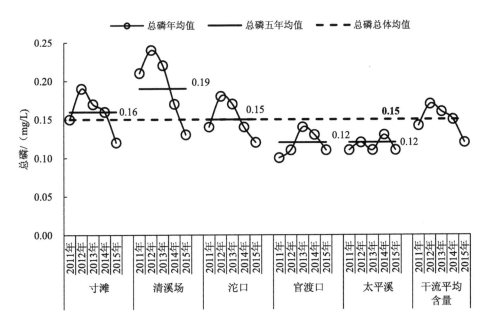

图 5-29　三峡水库干流代表断面总磷年均值变化特征

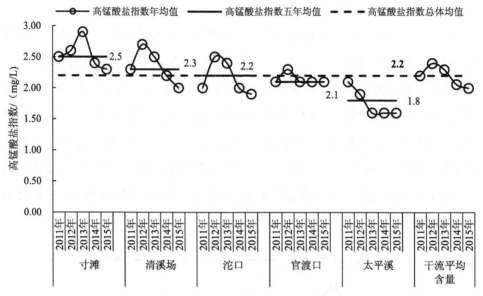

图 5-30　三峡水库干流代表断面高锰酸盐指数年均值变化特征

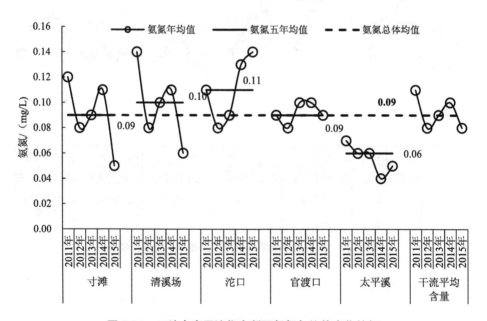

图 5-31　三峡水库干流代表断面氨氮年均值变化特征

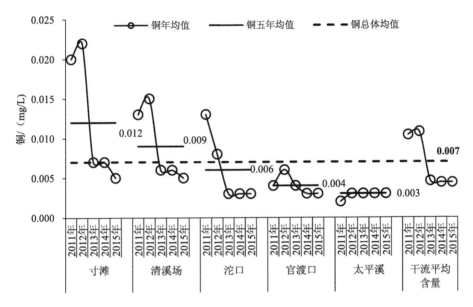

图 5-32　三峡水库干流代表断面铜年均值变化特征

5.1.3　不同水位调度期水质特征分析

（1）三峡水库 175 m 年内调度高低水位划分

三峡水库是典型的河道型水库，综合考虑防洪、发电、航运和排沙等要求，三峡水库 175 m 正常蓄水位一般采用以下调度运行方式（图 5-33）：每年 5 月末至 6 月初，为腾出防洪库容，坝前水位降至汛期防洪限制水位 145 m；汛期 6—9 月，水库一般维持在 145 m 低水位运行，水库下泄流量与天然相同。在遇到大洪水时，根据下游防洪需要，水库拦洪蓄水，将蓄水位抬高，洪峰过后，再降至 145 m 运行。汛末 10 月，水库蓄水，下泄流量有所减少，水位逐步升高至 175 m。12 月至次年 4 月，水库尽量维持在高水位运行。4 月末以前水位最低不低于 155 m，以保证发电水头和上游航道必需的航深。

根据以上三峡水库蓄水运行数据分析，三峡水库在 175 m 正常调度运行期时，会经历水位高（坝前控制水位 175 m）至水位低（坝前控制水位 145 m）两个高低水位转化过程。为进一步分析这两个调水时段水库干流水质状况，本节将重点对比分析这两个时段的水质类别和典型参数变化情况，因此根据三峡水库 175 m 正常调度过程，选取代表月份划分为两个时间段。选取每年 7—9 月作为低水位调度期代表月份，该时段坝前水位基本均控制在 145 m；选取每年 11—12 月作为高水位调度期代表月份，该时段坝前水位基本均控制在 175 m。

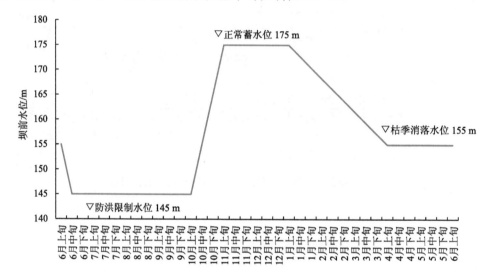

图 5-33 三峡水库 175 m 正常蓄水位调度运行方式

（2）不同水位调度期水质类别对比分析

对 5 个代表断面高低两个水位调度期的水质类别从月度和年度两个角度开展水质评价，具体分为：高水位调度期月度水质评价，是指对 11 月、12 月各参数单月测值开展的水质评价；低水位调度期月度水质评价是指对 7 月、8 月、9 月各参数单月各测值开展的水质评价；高水位调度期年度水质评价是指对 11 月~12 月各参数测值进行均值统计后开展的水质评价；低水位调度期年度水质评价是指对 7 月~9 月各参数测值进行均值统计后开展的水质评价。评价结果表明：总体上库区干流高水位调度期（11—12 月）水质状况明显好于低水位调度期（7—9 月），但高低两个调度期水质类别均以Ⅱ~Ⅲ类为主（图 5-34~图 5-36）。

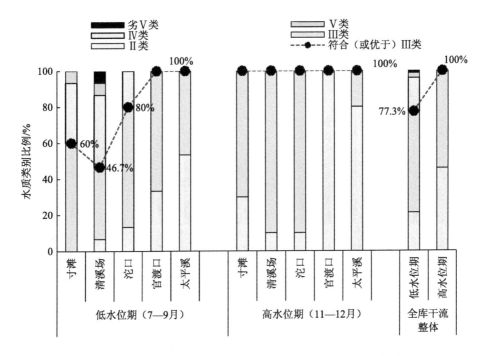

图 5-34　干流代表断面在高低水位调度期月度水质类别比例构成

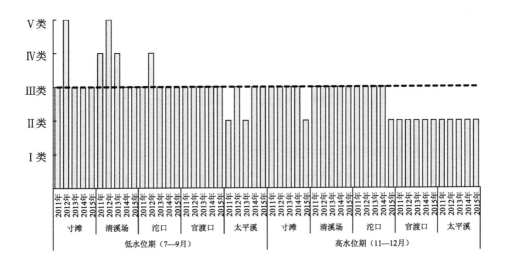

图 5-35　干流代表断面在高低水位调度期年度水质类别对比

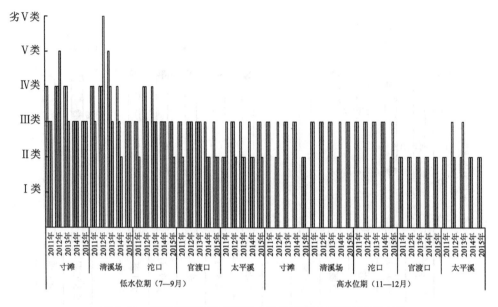

图 5-36　干流代表断面在高低水位调度期水质类别单月对比

1）从三峡水库干流整体来看，高水位调度期 5 个代表断面月度水质类别均符合Ⅱ～Ⅲ类，符合（或优于）Ⅲ类水质标准的比例为 100%，其中Ⅱ类占比为 46%，Ⅲ类占比为 54%；低水位调度期 5 个代表断面月度水质类别为Ⅱ～劣Ⅴ类，符合（或优于）Ⅲ类水质标准的比例为 77.3%，其中Ⅱ类、Ⅲ类分别占比为 21.3%、56.0%，此外Ⅳ类、Ⅴ类和劣Ⅴ类分别占比为 18.7%、2.7% 和 1.3%（图 5-34）。

2）三峡水库干流各代表断面高水位调度期水质类别优于低水位调度期（图 5-34～图 5-36）。

①寸滩高水位调度期年度水质类别优于低水位调度期，同时，高水位调度期月度水质类别也明显优于低水位调度期。寸滩低水位调度期年度水质类别为Ⅲ类或Ⅴ类；高水位调度期年度水质类别为Ⅲ类。寸滩低水位调度期月度水质类别为Ⅲ～Ⅴ类，符合（或优于）Ⅲ类水质标准的频次比例为 60%，其中Ⅲ类占比为 60%，此外Ⅳ类占比为 33.3%，Ⅴ类占比为 6.7%。寸滩高水位调度期月度水质类别为Ⅱ～Ⅲ类，符合（或优于）Ⅲ类水质标准的比例为 100%，其中，Ⅱ类占比为 30%，Ⅲ类占比

为 70%。

②清溪场高水位调度期年度水质类别优于低水位调度期，同时，高水位调度期月度水质类别也明显优于低水位调度期。清溪场低水位调度期年度水质类别为Ⅲ～Ⅴ类；高水位调度期年度水质类别为Ⅲ类。清溪场低水位调度期月度水质类别为Ⅱ～劣Ⅴ类，符合（或优于）Ⅲ类水质标准的频次比例为 46.7%，其中Ⅱ类占比为 6.7%，Ⅲ类占比为 40%，此外Ⅳ类占比为 40%，Ⅴ类占比为 6.7%，劣Ⅴ类占比为 6.7%。清溪场高水位调度期月度水质类别为Ⅱ～Ⅲ类，符合（或优于）Ⅲ类水质标准的比例为 100%，其中Ⅱ类占比为 10%，Ⅲ类占比为 90%。

③沱口高水位调度期年度水质类别优于低水位调度期，同时，高水位调度期月度水质类别也优于低水位调度期。沱口低水位调度期年度水质类别为Ⅲ～Ⅳ类；高水位调度期年度水质类别为Ⅲ类。沱口低水位调度期月度水质类别为Ⅱ～Ⅳ类，符合（或优于）Ⅲ类水质标准的比例频次为 80%，其中Ⅱ类占比为 13.3%，Ⅲ类占比为 66.7%，此外Ⅳ类占比为 20%。沱口高水位调度期月度水质类别为Ⅲ类，符合（或优于）Ⅲ类水质标准的频次比例为 100%，其中Ⅱ类占比为 10%，Ⅲ类占比为 90%。

④官渡口高水位调度期年度水质类别优于低水位调度期，同时，高水位调度期月度水质类别也优于低水位调度期。官渡口低水位调度期年度水质类别为Ⅲ类；高水位调度期年度水质类别为Ⅱ类。官渡口低水位调度期月度水质类别为Ⅱ～Ⅲ类，符合（或优于）Ⅲ类水质标准的频次比例为 100%，其中，Ⅱ类占比为 33.3%，Ⅲ类占比为 66.7%。官渡口高水位调度期月度水质类别为Ⅱ类，符合（或优于）Ⅲ类水质标准的频次比例为 100%，Ⅱ类占比为 100%。

⑤太平溪高水位调度期年度水质类别优于低水位调度期，同时，高水位调度期月度水质类别也略优于低水位调度期。太平溪低水位调度期年度水质类别为Ⅱ～Ⅲ类；高水位调度期年度水质类别为Ⅱ类。太平溪低水位调度期月度水质类别为Ⅱ～Ⅲ类，符合（或优于）Ⅲ类水质标准的频次比例为 100%，其中，Ⅱ类占比为 53.3%，Ⅲ类占比为 46.7%。太平溪高水位调度期月度水质类别为Ⅱ～Ⅲ类，符合（或优于）

Ⅲ类水质标准的频次比例为 100%，其中Ⅱ类占比为 80%，Ⅲ类占比为 20%。

（3）不同水位调度期特征参数含量对比分析

对三峡水库 5 个干流代表断面 2 个调度期总磷、高锰酸盐指数、氨氮和铅 4 个特征参数含量开展比较分析（图 5-37～图 5-40）。

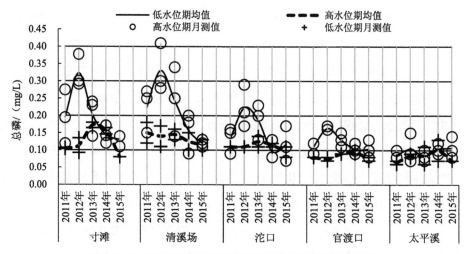

图 5-37　干流代表断面在高低水位调度期总磷含量对比

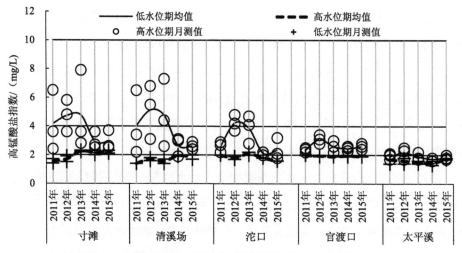

图 5-38　干流代表断面在高低水位调度期高锰酸盐指数含量对比

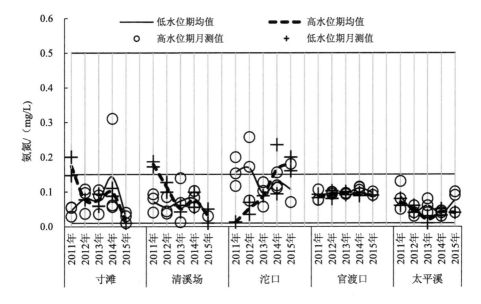

图 5-39 干流代表断面在高低水位调度期氨氮含量对比

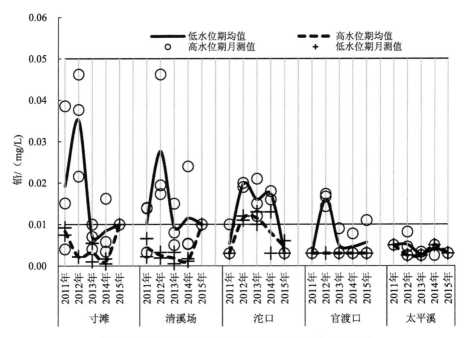

图 5-40 干流代表断面在高低水位调度期铅含量对比

整体来看，三峡水库干流总磷、高锰酸盐指数、氨氮和铅等水质参数的含量在低水位调度期（7—9 月）略高于高水位调度期（11—12 月）。空间上看，低水位调度期总磷、高锰酸盐指数和铅呈现出降低趋势，氨氮变化不大；高水位期总磷呈现出降低趋势，高锰酸盐指数、氨氮和铅变化不大。

1)总磷在高低水位调度期的空间沿程上均呈现出由库上游至库下游逐渐降低的趋势，时间尺度上呈现出总磷含量低水位调度期总体略高于高水位调度期的趋势。寸滩、清溪场、沱口、官渡口、太平溪低水位调度期总磷 5 年平均含量分别为 0.20 mg/L、0.21 mg/L、0.15 mg/L、0.12 mg/L 和 0.10 mg/L，分别对应高于同断面高水位调度期总磷 5 年平均含量 0.13 mg/L、0.14 mg/L、0.11 mg/L、0.08 mg/L 和 0.08 mg/L。

2)高锰酸盐指数在低水位调度期的空间沿程上均呈现出由库上游至库下游逐渐降低的趋势，高水位调度期空间沿程上变化不大；在时间尺度上呈现出高锰酸盐指数含量在低水位调度期总体略高于高水位调度期的趋势。寸滩、清溪场、沱口、官渡口、太平溪低水位调度期的高锰酸盐指数 5 年平均含量分别为 3.91 mg/L、3.85 mg/L、3.04 mg/L、2.63 mg/L 和 1.91 mg/L，分别对应高于同断面高水位调度期总磷 5 年平均含量 1.97 mg/L、1.69 mg/L、1.86 mg/L、1.94 mg/L 和 1.60 mg/L。

3）氨氮在高低水位调度期的空间沿程上变化均不大；在时间尺度上氨氮在高低水位调度期的不同断面互有高低。寸滩和清溪场低水位调度期氨氮 5 年平均含量分别为 0.07 mg/L 和 0.06 mg/L，低于同断面高水位调度期总磷 5 年平均含量 0.09 mg/L；沱口低水位调度期氨氮 5 年平均含量为 0.13 mg/L，高于高水位调度期氨氮 5 年平均含量 0.10 mg/L；官渡口和太平溪低水位调度期氨氮 5 年平均含量分别为 0.10 mg/L 和 0.06 mg/L，与高水位调度期氨氮 5 年平均含量 0.09 mg/L 和 0.04 mg/L 相当。

4)铅在低水位调度期空间沿程上均呈现出由库上游至库下游逐渐降低的趋势，而在高水位调度期空间沿程上变化不大；在时间尺度上呈现出铅含量在低水位调度期总体略高于在高水位调度期的趋势。寸滩、清溪场、沱口、官渡口、太平溪低水位调度期的高锰酸盐指数 5 年平均含量分别为 0.016 mg/L、0.014 mg/L、0.012 mg/L、<0.010 mg/L 和<0.010 mg/L，分别对应高于或相当于同断面高水位调度期总磷 5 年平均含量<0.010 mg/L。

5.1.4　不同历史蓄水期干流水质特征分析

三峡水库经历了 3 次不同蓄水位的蓄水进程，分别为 135 m 蓄水（2003 年）、156 m 蓄水（2006 年）、175 m 试验性蓄水（2008 年开始）。175 m 试验性蓄水历时最长（2008—2020 年）。随着蓄水进程的开展，库区水文情势发生了明显改变。为反映三峡水库不同蓄水位阶段干流的主要水质特征，对三峡库区干流 5 个代表断面寸滩、清溪场、沱口、官渡口、太平溪开展不同历史蓄水期阶段分析研究。本书为更好地区分各蓄水阶段，特做出以下时间阶段划分：蓄水前（1998—2002 年），指 2003 年蓄水以前时段；135 m 蓄水位期（2004 年和 2005 年为代表年），指 2003 年 135 m 蓄水后至 2006 年 156 m 蓄水之前的时段；156 m 蓄水位期（2007 年为代表年），指 2006 年 156 m 蓄水后至 2008 年开始试验性蓄水之前的时段；175 m 试验性蓄水位初期（2009 年为代表年），指 2008 年开始试验性蓄水后至 2010 年蓄水至 175 m 之前的时段；175 m 蓄水位期（2011—2015 年为代表年），也称高水位运行期，指 2010 年后每年稳定达到 175 m 蓄水位的时段。上述不同蓄水期时间段划分详见表 5-7。值得注意的是，本书中将 135 m 蓄水后的时段进一步划分为蓄水后初期运行期（2004—2010 年）和蓄水后高水位运行期（2011—2015 年）两个时段，以便聚焦分析高水位运行期 2011—2015 年这 5 年在高水位运行期间三峡水库水生态环境的变化特征。

表 5-7　三峡水库不同历史蓄水期时间段划分

年份	时段划分	蓄水期	蓄水位
1998	蓄水前	135 m 蓄水前	<135 m
1999			
2000			

年份	时段划分	蓄水期	蓄水位
2001	蓄水前	135 m 蓄水前	＜135 m
2002			
2003	蓄水前和蓄水后过渡年	135 m 蓄水年	第一次达到 135 m
2004	蓄水后初期运行期	135 m 蓄水位期	可以稳定到达 135 m
2005			
2006		156 m 蓄水年	第一次达到 156 m
2007		156 m 蓄水位期	可以稳定到达 156 m
2008		175 m 试验蓄水年	第一次冲刺 175 m
2009		175 m 试验性蓄水位初期	第二次冲刺 175 m
2010		175 m 蓄水年	第一次达到 175 m
2011	蓄水后高水位运行期	175 m 蓄水位期（高水位运行期）	可以稳定到达 175 m
2012			
2013			
2014			
2015			

（1）水质类别变化比较

参照《地表水环境质量标准》（GB 3838），采用单因子评价法对不同蓄水位干流代表断面进行年度水质类别评价，评价结果分析表明：

蓄水后干流水质总体上趋好，三峡水库干流断面符合（或优于）Ⅲ类水质标准的比例，蓄水后较蓄水前有所提高。寸滩、沱口、官渡口和太平溪断面在蓄水后，在不同蓄水位阶段年度水质类别稳定在Ⅱ～Ⅲ类；清溪场断面在 175 m 蓄水位期（高水位运行期），除因总磷超标情况增多致使水质状况略有下降出现Ⅳ类水质外，其他蓄水位阶段均稳定在Ⅲ类。

1）对三峡水库干流 5 个代表断面在不同蓄水位期的整体年度水质类别评价结果的对比分析表明：135 m 蓄水前，干流断面总体年度水质类别以Ⅱ～Ⅲ类为主，占比为 80%，超标的Ⅳ类仅占比 20%，水质尚好；蓄水后，在 135 m 蓄水位期，156 m 蓄水位期和 175 m 试验性蓄水位初期 3 个阶段，年度水质明显变好，且相对保持稳定，总体年度水质类别均为Ⅱ～Ⅲ类，占比为 100%；175 m 蓄水位期（高水位运行期），对比三峡水库干流断面年度水质状况较其他蓄水位期有所下降，Ⅱ～Ⅲ类水质类别占 88%（Ⅳ类占 12%），但符合（或优于）Ⅲ类水质标准的比例仍高于蓄水前的 80%，水质略有下降的主要原因是清溪场断面在 175 m 蓄水位期（高水位运行期）的前 3 年因总磷超标情况增多，致使年度水质类别下降为Ⅳ类，但其他干流断面仍均保持稳定的Ⅱ～Ⅲ类（图 5-41）。

2）各代表断面不同蓄水位期年度水质类别评价结果对比分析表明（图 5-41 和图 5-42）：

①寸滩断面蓄水前年度水质类别为Ⅲ～Ⅳ类，蓄水后各蓄水位期年度水质类别均为Ⅲ类，年度水质类别符合（或优于）Ⅲ类水质标准的比例蓄水前为 60%，蓄水后 4 个蓄水位阶段均上升至 100%。

②清溪场断面蓄水前年度水质类别为Ⅲ～Ⅳ类，蓄水后的 135 m 蓄水位期、156 m 蓄水位期、175 m 试验性蓄水初期年度水质类别均为Ⅲ类，175 m 蓄水位期（高水位运行期）水质类别为Ⅲ～Ⅳ类，年度水质类别符合（或优于）Ⅲ类水质标准的比例蓄水前为 80%，蓄水后 4 个蓄水位阶段先上升后略降，分别为 100%、100%、100% 和 40%。

③沱口断面蓄水前年度水质类别为Ⅲ～Ⅳ类，蓄水后各蓄水位期年度水质类别为Ⅱ～Ⅲ类，年度水质类别符合（或优于）Ⅲ类水质标准的比例蓄水前为 80%，蓄水后 4 个蓄水位阶段均上升至 100%。

④官渡口断面在蓄水前和蓄水后各水位期年度水质类别均为Ⅱ～Ⅲ类，符合（或优于）Ⅲ类水质标准的比例蓄水前和蓄水后各阶段均为 100%。

⑤太平溪断面蓄水前年度水质类别为Ⅲ～Ⅳ类，蓄水后各蓄水位期年度水质类别为Ⅱ～Ⅲ类，年度水质类别符合（或优于）Ⅲ类水质标准的比例蓄水前为 80%，蓄水后 4 个蓄水位阶段均上升至 100%。

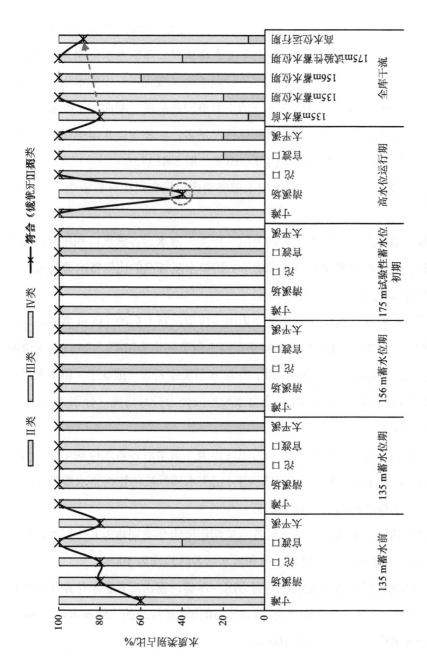

图 5-41 不同历史蓄水期干流代表断面年度水质类别比例

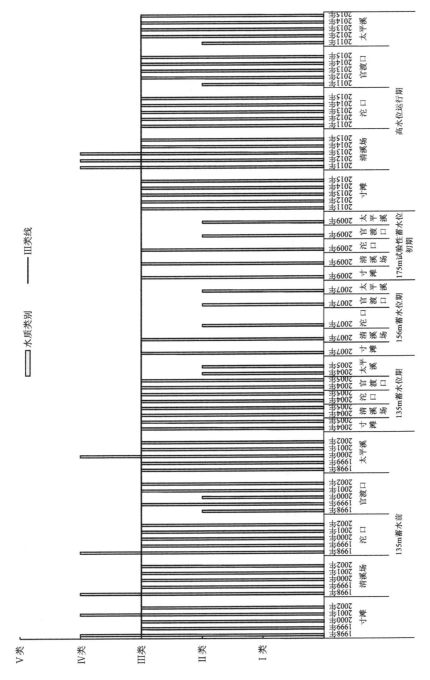

图5-42　不同历史蓄水期干流代表断面年度水质类别对比

（2）水质影响因子浓度变化比较

对三峡水库干流蓄水后的 135 m 蓄水位期（2004—2005 年）、156 m 蓄水位期（2007 年）、175 m 试验性蓄水位初期（2009 年）和 175 m 蓄水位期（高水位运行期，2011—2015 年）4 个阶段 540 个断面次月度水质数据进行统计分析和评价，其中，94 个断面次的水质类别属于Ⅳ～劣Ⅴ类，主要超标项目依次为总磷、高锰酸盐指数、石油类、铅，镉和汞也偶有超标（超超倍数见表 5-8），超标率分别为 15.2%、3.6%、1.9%、1.5%、0.4% 和 0.4%。在 135 m 蓄水位期、156 m 蓄水位期、175 m 试验性蓄水位初期和 175 m 蓄水位期 4 个阶段：总磷的超标倍数分别为 0.05～0.85 倍、0.2～0.8 倍、0.05～1.15 倍、0.01～1.04 倍；高锰酸盐指数的超标倍数分别为 0.07～0.13 倍、0.27～0.87 倍、0.1～1.1 倍、0.08～0.32 倍；石油类的超标倍数分别为 0.2～3.8 倍、0.2～0.8 倍、0.8～1.6 倍、未超标；铅的超标倍数分别为 0.1～0.78 倍、未超标、0.2 倍、未超标。

表 5-8　蓄水后三峡水库干流代表断面在不同蓄水位月度超标参数及超标倍数统计

单位：倍

断面	超标参数	135 m 蓄水位期	156 m 蓄水位期	175 m 试验性蓄水位初期	175 m 蓄水位期
寸滩	总磷	0.3～0.85	0.2～0.7	0.35～1.15	0.05～0.89
	高锰酸盐指数	0.1	—	0.1～0.23	0.09～0.32
	石油类	0.2	0.2～0.8	0.8	—
	铅	0.1～0.14	—	—	—
	镉	0.1	—	—	—
	汞	—	—	0.4	—
清溪场	总磷	0.05～0.8	0.3～0.8	0.05～0.7	0.06～1.04
	高锰酸盐指数	0.07～0.13	0.27	0.12～0.22	0.08～0.22
	石油类	0.4	—	1.6	—
	铅	0.2～0.78	—	—	—
	镉	0.12	—	—	—
	汞	—	—	1.9	—

断面	超标参数	135 m 蓄水位期	156 m 蓄水位期	175 m 试验性蓄水位初期	175 m 蓄水位期
沱口	总磷	0.05～0.35	—	1.15	0.05～0.45
	高锰酸盐指数	—	0.67～0.87	1.1	—
	石油类	1.2～3.8	—	—	—
	铅	0.1～0.24	—	0.02	—
官渡口	总磷	0.25	0.65	—	0.05
	石油类	0.2～1	—	—	—
太平溪	总磷	0.1	0.15	—	0.01～0.05

　　蓄水后各蓄水位代表年三峡水库干流超标水质因子的超标情况，呈现出由上游至下游沿程减轻的趋势，上游寸滩和清溪场断面超标参数较多，出现过总磷、高锰酸盐指数、石油类、铅、镉和汞超标的情况；中游的沱口断面只出现总磷、高锰酸盐指数、石油类、铅超标情况；下游的官渡口断面出现总磷和石油类超标情况；坝前的太平溪断面只出现总磷超标情况。

　　总磷、高锰酸盐指数、石油类、铅、镉和汞等参数的浓度变化范围统计见表 5-9，不同蓄水位阶段各参数年均浓度相差不大，月均浓度变幅较大。

表 5-9　三峡水库干流代表断面在不同蓄水位超标参数特征均值统计　　　单位：mg/L

时　段	总磷		高锰酸盐指数		石油类	
	年均值	月均值范围	年均值	月均值范围	年均值	月均值范围
135 m 蓄水位期	0.14	0.04～0.37	2.8	1.4～6.8	0.02	＜0.01～0.24
156 m 蓄水位期	0.11	0.04～0.36	2.6	1.2～11.2	0.02	＜0.01～0.09
175 m 试验性蓄水位初期	0.13	0.04～0.44	2.6	1.2～12.6	0.02	＜0.01～0.13
175 m 蓄水位期	0.15	0.06～0.41	2.2	1.3～7.9	0.01	＜0.01～＜0.05
年均值范围	0.11～0.16		2.2～2.8		0.01～0.02	
月均值变幅	0.04～0.44		1.2～12.6		＜0.01～0.24	

时 段	铅		镉		汞	
	年均值	月均值范围	年均值	月均值范围	年均值	月均值范围
135 m 蓄水位期	0.011	<0.010~0.062	0.002	<0.001~0.006	<0.000 05	<0.000 05~0.000 10
156 m 蓄水位期	0.011	<0.010~0.042	0.001	<0.001~0.004	0.000 07	<0.000 05~0.002 00
175 m 试验性蓄水位初期	0.011	<0.010~0.051	0.001	<0.001~0.004	<0.000 05	<0.000 05~0.000 29
175 m 蓄水位期	0.008	<0.001~0.046	0.000 5	<0.000 1~0.002	<0.000 05	<0.000 01~0.000 5
年均值范围	0.008~0.011		0.000 5~0.002		<0.000 05~0.000 07	
月均值变幅	<0.001~0.062		<0.001~0.006		<0.000 05~0.002 00	

1）总磷：135 m 蓄水位期月均浓度变化范围为 0.04~0.37 mg/L，干流年度均值为 0.14 mg/L；156 m 蓄水位期月均浓度范围为 0.04~0.36 mg/L，干流年度均值为 0.11 mg/L；175 m 试验性蓄水位初期月均浓度范围为 0.04~0.44 mg/L，干流年度均值为 0.13 mg/L；175 m 蓄水位期月均浓度范围为 0.06~0.41 mg/L，干流年度均值为 0.15 mg/L。

2）高锰酸盐指数：135 m 蓄水位期月均浓度变化范围为 1.4~6.8 mg/L，干流年度均值为 2.8 mg/L；156 m 蓄水位期月均浓度范围为 1.2~11.2 mg/L，干流年度均值为 2.6 mg/L；175 m 试验性蓄水位初期月均浓度范围为 1.2~12.6 mg/L，干流年度均值为 2.6 mg/L；175 m 蓄水位期月均浓度范围为 1.3~7.9 mg/L，干流年度均值为 2.2 mg/L。

3）石油类：135 m 蓄水位期月均浓度变化范围为 <0.01~0.24 mg/L；156 m 蓄水位期月均浓度范围为 <0.01~0.09 mg/L；175 m 试验性蓄水位初期月均浓度范围为 <0.01~0.13 mg/L；175 m 蓄水位期月均浓度范围为 <0.01~0.05 mg/L；前 3 个阶段干流年度均值均为 0.02 mg/L，175 m 蓄水位期干流年度均值为 0.01 mg/L。

4）铅：135 m 蓄水位期月均浓度变化范围为 <0.010~0.062 mg/L，干流年度

均值为 0.016 mg/L；156 m 蓄水位月均浓度范围为＜0.010～0.042 mg/L，干流年度均值为 0.012 mg/L；175 m 试验性蓄水位初期月均浓度范围为＜0.010～0.051 mg/L，干流年度均值为 0.011 mg/L；175 m 蓄水位期月均浓度范围为＜0.001～0.046 mg/L，干流年度均值为 0.000 8 mg/L。

5）镉：135 m 蓄水位期月均浓度变化范围为＜0.001～0.006 mg/L，干流年度均值为 0.002 mg/L；156 m 蓄水位期月均浓度范围为＜0.001～0.004 mg/L，干流年度均值为 0.001 mg/L；175 m 试验性蓄水位初期月均浓度范围为＜0.001～0.004 mg/L，干流年度均值为 0.000 7 mg/L；175 m 蓄水位期月均浓度均＜0.000 1～0.002 mg/L，干流年度均值 0.000 5 mg/L。

6）汞：135 m 蓄水位期月均浓度变化范围为＜0.000 05～0.000 10 mg/L，干流年度均值为＜0.000 05 mg/L；156 m 蓄水位期月均浓度范围为＜0.000 05～0.002 0 mg/L，干流年度均值为 0.000 07 mg/L；175 m 试验性蓄水位初期月均浓度为＜0.000 05～0.000 29 mg/L，干流年度均值为＜0.000 05 mg/L；175 m 蓄水位期月均浓度为＜0.000 01～0.000 5 mg/L，干流年度均值为＜0.000 05 mg/L。

5.1.5　干流主要污染物分布特征分析

本节对三峡水库干流 5 个代表断面（寸滩、清溪场、沱口、官渡口和太平溪）开展季度水质评价工作，以分析干流主要常规污染物在各断面以及各季度超标分布状况。共统计分析上述 5 个断面，1999—2015 年 17 年间 340 个评价次的各参数超标率（图 5-43～图 5-49），评价分析结果表明：

总磷、总铅、高锰酸盐指数和石油类为三峡水库干流江段的主要超标因子，此外镉只在官渡口出现过 1 个超标样本次；干流 5 个代表断面均出现过污染物超标现象，超标集中在每年第三季度；蓄水后超标污染状况有所减轻。

1）对三峡水库干流 5 个代表断面蓄水前后整体开展超标率季度统计分析（图 5-43），结果如下：

三峡水库干流主要超标因子为总磷、总铅、高锰酸盐指数和石油类，此外镉偶有超标。全库主要超标因子的超标率分别为总磷（11.2%）、总铅（6.8%）、高锰酸盐指数（4.7%）、石油类（4.1%）；此外，镉（0.3%）只在官渡口断面蓄水前（1999 年第三季度）超标过一次。整体水库上中游的寸滩、清溪场、沱口断面超标要多于水库下游的官渡口和太平溪断面，官渡口断面只出现镉超标，其他 4 个断面镉不超标，但总磷、总铅、高锰酸盐指数和石油类均出现不同程度的超标现象。

2）对蓄水前（1999 年第一季度—2003 年第二季度）和蓄水后（2003 年第三季度—2015 年第四季度）两个时期 5 个代表断面分别开展季度超标率统计分析（图 5-44 和图 5-45），结果如下：

蓄水后三峡水库干流主要污染物超标情况明显减少，全库干流综合污染物超标率由蓄水前的 9.1%下降为蓄水后的 4.1%（在蓄水前后，整体的综合超标率为 5.4%）；蓄水前与蓄水后及蓄水前后整体比较，主要超标因子的超标情况有所不同，从整体上来看，总磷在蓄水后的超标数值比蓄水前增加，总铅、高锰酸盐指数和镉超标指数明显减轻，石油类超标率相差不大。蓄水前第一位的超标因子总铅在蓄水后排在末位，而蓄水后第一位的超标因子为总磷，在蓄水前也只排在中位，说明总铅主要在蓄水前超标，而蓄水后总磷超标显著。蓄水前的超标因子排序为总铅（20.0%）≫高锰酸盐指数（12.2%）>总磷（7.8%）>石油类（4.4%）>镉（1.1%）；蓄水后的超标因子排序为总磷（12.4%）≫石油类（2.0%）>总铅（2.0%）≈高锰酸盐指数（2.0%）；而蓄水前后整体超标因子排序为总磷（11.2%）>总铅（6.8%）>高锰酸盐指数（4.7%）>石油类（4.1%）≫镉（0.3%）。总铅在蓄水前和蓄水后均出现超标，主要出现在库区上中游断面的寸滩、清溪场和沱口断面；总磷超标主要出现在蓄水前库下游的太平溪断面。

3）对蓄水后初期运行期（2003 年第三季度—2010 年第四季度）和蓄水后的高水位运行期（2011 年第一季度—2015 年第四季度）两个时期 5 个代表断面开展季度超标率统计分析（图 5-46），结果如下：

蓄水后三峡水库干流主要污染物的超标情况明显减少，全库干流综合污染物超标率由蓄水前的 9.1%下降为蓄水后初期运行期的 5.1%和高水位运行期的 2.6%；蓄水后的高水位运行期比蓄水后初期运行期综合污染物超标率有所下降，除总磷超标率上升外，其他因子超标率均有下降（各因子均未超标）。蓄水前超标因子包括总磷、总铅、高锰酸盐指数、石油类和镉 5 项；蓄水后在初期运行期超标因子包括总磷、总铅、高锰酸盐指数和石油类 4 项；蓄水后的高水位运行期超标因子为总磷 1 项。总磷在蓄水后的高水位运行期超标率最高（平均为 13.0%），其次为蓄水后初期运行期（平均为 12.0%），蓄水前总磷超标率平均比例为 7.8%，说明随着三峡水库水位提升，总磷在干流有上升趋势，特别是清溪场断面增加显著；蓄水后的高水位运行期总铅、高锰酸盐指数、石油类和镉均未超标；蓄水后初期运行期镉也未超标，总铅、高锰酸盐指数超标率比蓄水前明显降低（总铅由蓄水前的 20%下降为蓄水后初期运行期的 3.3%，高锰酸盐指数由 12.2%下降为 3.3%），石油类超标率略有上升（由蓄水前的 4.4%上升为蓄水后初期运行期的 6.7%）。

4)对三峡水库在蓄水前后的整体情况和蓄水前及蓄水后 5 个代表断面按不同季度统计超标率开展对比分析（图 5-47～图 5-49）结果如下：

三峡水库干流主要污染物超标时段主要集中在第三季度，除蓄水前第一季度没有超标外，蓄水前第二—第四季度以及蓄水后第一—第四季度均有因子超标情况。主要超标因子为总磷和总铅，均在第三季度超标（图 5-47），总铅和高锰酸盐指数超标主要集中在蓄水前第三季度（图 5-48），总磷超标主要集中在蓄水后的第三季度（图 5-49）。总体上来看，第三季度超标率相对最高，远高于第二季度，且依次大于第一季度和第四季度，但第一季度与第四季度超标率大体相当。整体上看，蓄水后第一、第二、第三季度超标率有所降低，第四季度略有上升。蓄水前后各季度超标率排序为第三季度（3.8%）≫第二季度（1.4%）>第一季度（0.9%）≈第四季度（0.7%）；蓄水前各季度超标率排序为第三季度（7.3%）≫第二季度（1.6%）>第一季度（1.0%）>第四季度（0）；蓄水后各季度超标率排序为：第三季度（3.7%）≫第二季度（1.0%）>第一季度（0.9%）>第四季度（0.6%）。

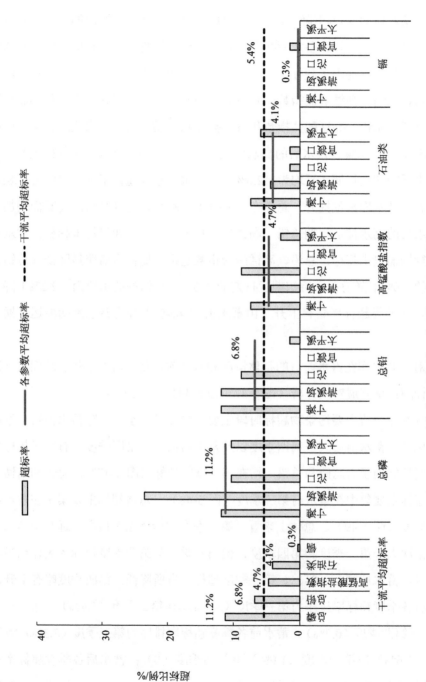

图 5-43 三峡水库干流全时段季均值统计超标率空间对比

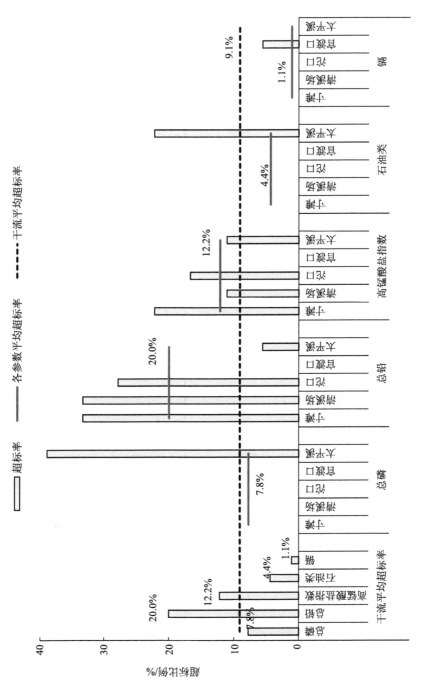

图 5-44　三峡水库干流蓄水前季均值统计超标率空间对比

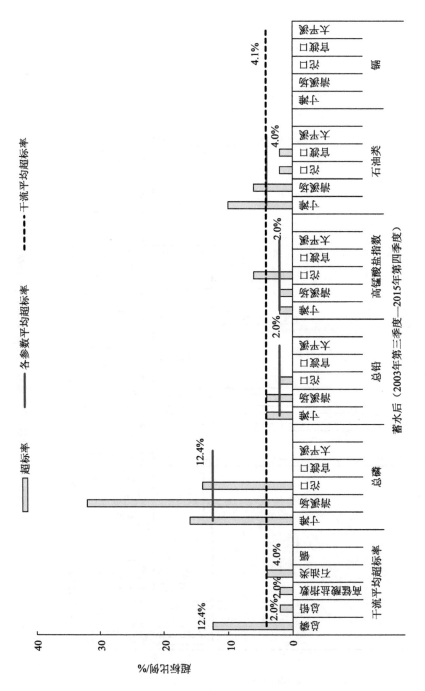

图 5-45 三峡水库干流蓄水后季均值统计超标率空间对比

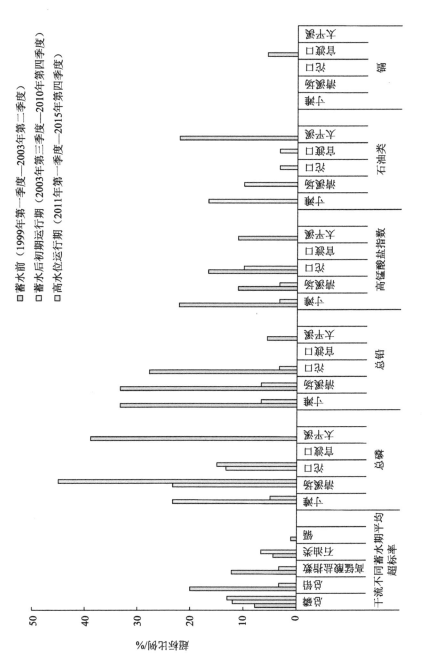

图 5-46　三峡水库干流不同蓄水期均值统计超标率空间对比

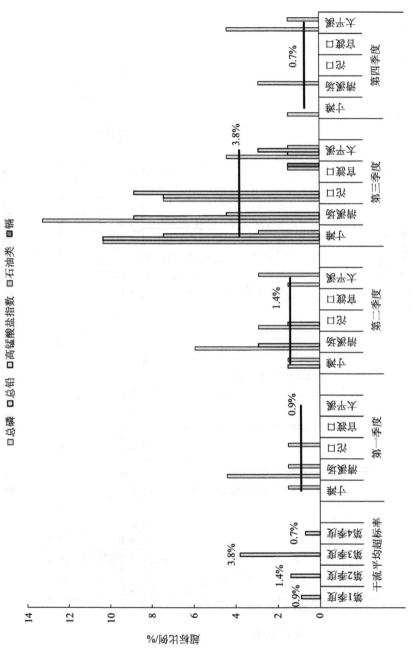

图 5-47　三峡水库干流全时段分季度统计超标率

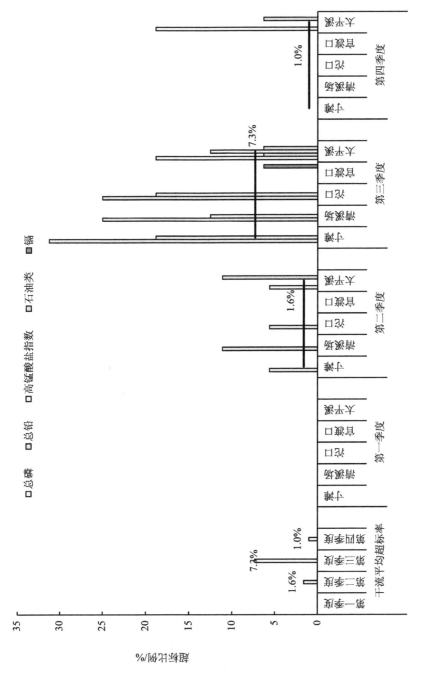

图 5-48　三峡水库干流蓄水前分季度统计超标率

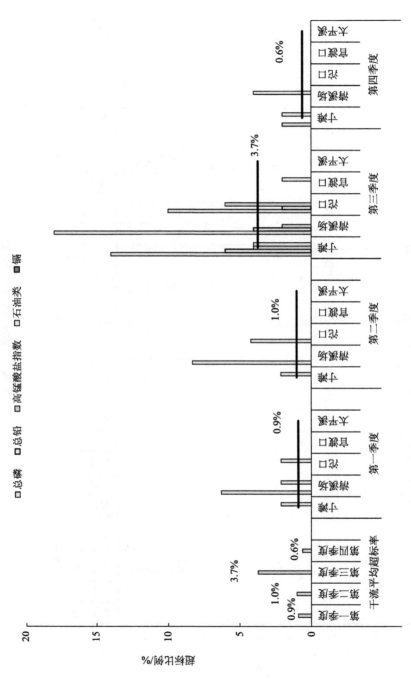

图 5-49 三峡水库干流蓄水后分季度统计超标率

5.1.6　小结

1）在高水位运行期，三峡水库长江干流水质的总体情况良好，以Ⅱ～Ⅲ类水质为主，但也出现过总磷和高锰酸盐指数月度超标的情况。

①2011—2015 年，三峡水库干流年度水质类别以Ⅱ～Ⅲ类为主，符合（或优于）Ⅲ类水质标准的断面频次比例达 88%，超标的Ⅳ类断面频次比例占 12%。寸滩、沱口、官渡口、太平溪 4 个代表断面 2011—2015 年年度水质类别均稳定为Ⅱ～Ⅲ类；清溪场断面水质略差，年度水质类别为Ⅲ～Ⅳ类，其中 2011—2013 年均为Ⅳ类，但 2014—2015 年年度水质类别好转为Ⅲ类。

②2011—2015 年，三峡水库干流月度水质类别也以Ⅱ～Ⅲ类为主，符合（或优于）Ⅲ类水质标准的断面频次比例较年度比例略有下降，为 84.6%；超标的Ⅳ类、Ⅴ类和劣Ⅴ类断面频次占比分别为 13.4%、1.6% 和 0.4%，共计占 15.4%。值得注意的是，三峡水库干流 5 个代表断面在 2013 年以前均在个别月份不定期出现过超出Ⅲ类水质标准的情况，达到Ⅳ类，甚至个别断面出现Ⅴ类和劣Ⅴ的情况，超标的污染因子主要为总磷和高锰酸盐指数；其中，清溪场断面总磷超标情况最为突出。

2）在高水位运行期，三峡水库长江干流水质总体呈现沿程变好趋势，位于库下游的坝前和库首断面水质优于位于库上游和中游的库尾、库腹和库中断面。三峡水库干流主要的水质影响因子为总磷和高锰酸盐指数，在空间沿程上呈现出由库上游至库下游逐渐降低的趋势，在时间尺度上呈现出 2012 年略增高之后逐步下降的趋势。

3）在高水位运行期，三峡水库长江干流超标参数为总磷和高锰酸盐指数。2011—2013 年，总磷月度超标率较高，分别为 20%、27% 和 23%，但 2014 年显著下降至 6.7%，大部分集中于清溪场断面，2015 年总磷未超标；高锰酸盐指数超标次数较少，2011—2013 年超标率分别为 3%、2% 和 3%，2014 年和 2015 年高锰酸盐指数未超标。

4）对不同水位调度期水质特征分析表明：总体上，三峡水库干流高水位调度期（11—12 月）水质状况明显好于低水位调度期（7—9 月），但高低两个调度期水质类别均以Ⅱ～Ⅲ类为主。

①全库干流水质月度评价结果统计分析，在高水位调度期，5 个代表断面的水质类别符合Ⅱ～Ⅲ类，符合（或优于）Ⅲ类水质标准的比例为 100%；在低水位调度期，5 个代表断面水质类别为Ⅱ～劣Ⅴ类，符合（或优于）Ⅲ类水质标准的比例为 77.3%。在高水位调度期，Ⅱ类水质占比为 46%，Ⅲ类水质占比 54%；在低水位调度期，Ⅱ类、Ⅲ类、Ⅳ类、Ⅴ类和劣Ⅴ类分别占比为 21.3%、56.0%、18.7%、2.7%和 1.3%。

②从整体上来看，三峡水库干流总磷、高锰酸盐指数、氨氮和总铅等水质参数含量在低水位调度期（7—9 月）略高于高水位调度期（11—12 月）；从空间上看，在低水位调度期总磷、高锰酸盐指数和总铅呈现出沿程降低趋势，氨氮变化不大；高水位调度期总磷呈现出沿程降低趋势，高锰酸盐指数、氨氮和总铅的变化不大。

5）对不同历史蓄水期干流水质的特征分析表明：蓄水后干流水质总体趋好，蓄水后较蓄水前符合（或优于）Ⅲ类水质标准的比例有所提高。

①寸滩、沱口、官渡口和太平溪断面在蓄水后的不同蓄水位阶段的年度水质类别稳定在Ⅱ～Ⅲ类；清溪场断面在 175 m 蓄水位期，除因总磷超标情况增多导致水质状况略有下降出现Ⅳ类外，其他蓄水位阶段均稳定在Ⅲ类。

②135 m 蓄水前，三峡水库干流断面总体年度水质类别以Ⅱ～Ⅲ类为主，占比为 80%，超标的Ⅳ类频次占比为 20%，水质尚好；蓄水后，135 m 蓄水位期、156 m 蓄水位期和 175 m 试验性蓄水位初期 3 个阶段，年度水质变好明显，且相对保持稳定，总体年度水质类别均为Ⅱ～Ⅲ类，占比为 100%；175 m 蓄水位期，总体上来看，干流断面年度水质状况较其他蓄水位期有所下降，Ⅱ～Ⅲ类水质占比为 88%（Ⅳ类占比为 12%），但符合（或优于）Ⅲ类水质标准的比例仍高于蓄水前的 80%。175 m 蓄水位期的水质略有下降的主要原因是清溪场断面在 175 m

蓄水位期的前 3 年因总磷超标情况增多致使年度水质类别下降为Ⅳ类，但其他干流断面水质并无明显下降，仍保持稳定的Ⅱ～Ⅲ类。

③蓄水后各蓄水位代表年按月度统计，三峡水库干流水质超标因子情况呈现出由上游至下游沿程减轻的趋势，上游寸滩和清溪场断面超标参数较多，出现过总磷、高锰酸盐指数、石油类、总铅、镉和汞超标的情况；中游的沱口断面只出现总磷、高锰酸盐指数、石油类、总铅超标情况；下游的官渡口断面出现总磷和石油类超标情况；坝前的太平溪断面只出现总磷超标情况。

6）按季度均值对干流主要污染物分布特征分析表明：1999—2015 年共计 340 个评价次统计，总磷、总铅、高锰酸盐指数和石油类为三峡水库干流江段水质的主要超标因子，此外，镉偶有超标；干流 5 个代表断面均出现过污染物超标现象，超标集中在每年的第三季度；在蓄水后超标污染状况有所减轻。

①1999—2015 年三峡水库干流主要超标因子超标率分别为总磷 11.2%、总铅 6.8%、高锰酸盐指数 4.7%、石油类 4.1%、镉 0.3%。水库上、中游的寸滩、清溪场、沱口断面超标要多于水库下游的官渡口和太平溪断面，官渡口断面只出现镉超标，而其他 4 个断面镉并没有超标，但总磷、总铅、高锰酸盐指数和石油类均出现不同程度的超标现象。

②蓄水后三峡水库干流水质的超标情况明显减少，全库干流因子综合超标率由蓄水前的 9.1% 下降为蓄水后的 4.1%（蓄水前后整体的综合超标率为 5.4%）；蓄水前与蓄水后及蓄水前后整体比较，主要超标因子的超标情况有所不同，整体上来看，蓄水后的总磷比蓄水前超标严重，总铅、高锰酸盐指数和镉的超标减轻明显，石油类超标率相差不大。总铅的超标主要出现在三峡水库干流上中游的寸滩、清溪场和沱口断面，蓄水前和蓄水后均出现超标；总磷的超标主要出现在蓄水后的三峡水库干流上、中游断面的寸滩、清溪场和沱口断面，这 3 个断面总磷在蓄水前未超标；蓄水前总磷超标的情况主要出现在库下游的太平溪断面。

③对蓄水后初期运行期（2003年第三季度—2010年第四季度）和蓄水后的高水位运行期（2011年第一季度—2015年第四季度）5个代表断面超标率季度统计分析表明：在蓄水后三峡水库干流超标情况明显减少，全库干流因子综合超标率由蓄水前的9.1%下降为蓄水后初期运行期的5.1%和高水位运行期的2.6%；高水位运行期比蓄水后初期运行期综合超标率有所下降，除总磷超标率上升外，其他因子高水位运行期均未超标。

④三峡水库干流超标时段主要集中在第三季度，除蓄水前第一季度没有超标外，蓄水前第二季度—第四季度以及蓄水后第一季度—第四季度均有污染因子超标。主要超标因子为总磷和总铅，均在第三季度超标，总铅和高锰酸盐指数超标集中在蓄水前的第三季度，总磷超标主要集中在蓄水后的第三季度。

5.2 三峡水库支流水质特征分析

5.2.1 支流分年度水质状况评析

5.2.1.1 2011年支流水质状况评析

（1）支流总体水质状况

2011年28条支流99个断面的评价结果统计表明：三峡水库支流水质较差，仅33%的断面水质达标，支流水质类别以Ⅳ～劣Ⅴ类为主，其中，劣Ⅴ类水质断面最多（占比为27%）。

三峡水库支流断面水质类别占比见图5-50。99个支流断面符合Ⅰ～Ⅲ类水质标准的有33个，占比为33%，其中符合Ⅰ类、Ⅱ类、Ⅲ类水质标准的分别有10个、12个、11个，占比分别为10%、12%和11%；符合Ⅳ类水质标准的有15个，占15%；符合Ⅴ类水质标准的有25个，占25%；达到劣Ⅴ类水质标准的有26个，占27%。

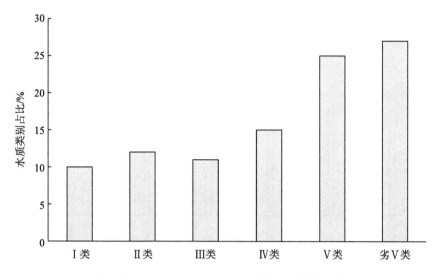

图 5-50 2011 年三峡水库支流断面水质类别占比

（2）各支流水质状况

2011 年三峡水库各支流监测断面水质类别数量见图 5-51。由图可知：

1）三峡水库 28 条支流均出现超标断面，但超标的程度不同，差异也较大，断面超标比例从 25%～100% 不等，说明三峡水库各支流水质状况差异较大。

2）御临河、珍溪河、壤渡河、苎溪河、神女溪、童庄河 6 条支流水质较差，支流所有监测断面均超标，其中珍溪河、壤渡河、苎溪河 3 条支流均为劣 V 类水质；童庄河为 V～劣 V 类水质；神女溪为 IV～V 类水质；御临河为 IV 类水质。

3）龙河、大溪河、抱龙河、神农溪、青干河 5 条支流水质相对较好，每条支流均有 60% 以上的监测断面符合 I～III 类水质，无劣 V 类水质断面，但仍存在 IV～V 类水质断面。

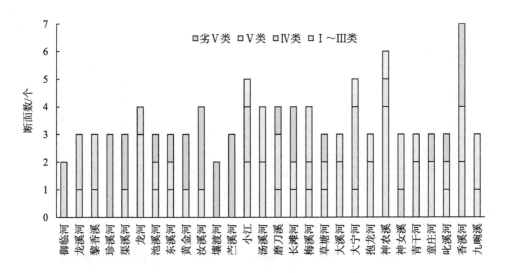

图 5-51 2011 年各支流不同水质类别断面数量

（3）支流水质超标因子分析

2011 年，三峡水库主要支流出现超标的因子有总磷、高锰酸盐指数、pH 值、化学需氧量、石油类、氨氮，三峡水库支流无重金属超标污染。各超标因子超标率见图 5-52。

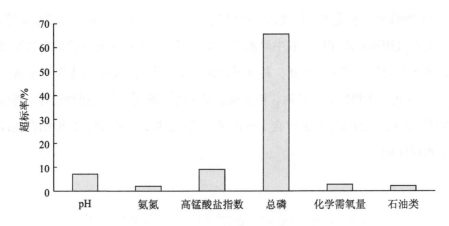

图 5-52 2011 年支流超标因子及超标率

总磷是三峡水库支流主要超标因子，2011 年，三峡水库支流绝大多数断面总磷均为超标，超标率达 65.7%，其他 5 种超标因子超标率均不超过 10%。进一步分析表明，每条支流断面均存在总磷超标，主要位于支流回水区和河口区。但是，总磷超标也需辩证看待，由于支流回水区和河口区水流态接近湖库，因此采用了更低的湖库Ⅲ类评价限值，是河流Ⅲ类评价限值的 1/4（湖库和河流Ⅲ类评价限值分别为 0.05 mg/L 和 0.2 mg/L）。由此可见，即使回水区和河口区总磷符合河流Ⅲ类评价限值，但总磷浓度值按湖库总磷标准评价也会超标，可评价为Ⅳ类甚至更差的Ⅴ类水（湖库Ⅴ类评价限值为 0.2 mg/L）。

高锰酸盐指数超标率达 9.1%，是排序第 2 位的超标参数，同时化学需氧量和氨氮也偶有超标，这 3 项超标因子表明，三峡库区支流存在一定的综合性有机耗氧物质污染。pH 值超标主要是 pH 值略大于 9，部分监测断面呈弱碱性，这种现象和部分断面藻类繁殖旺盛，大量吸收水中二氧化碳，打破水解平衡有关。石油类在部分断面超标，表明支流船舶航运存在一定的油污染。总体而言，2011 年支流监测表明，总磷和综合性有机污染是支流的主要污染影响因素，支流不存在重金属污染。

5.2.1.2　2012 年支流水质状况评析

（1）支流总体水质状况

2012 年 28 条支流 100 个断面的评价结果统计表明：三峡水库支流水质较差，仅 27% 的断面水质达标，支流水质类别以Ⅳ～劣Ⅴ类为主，其中Ⅴ类水质断面最多（占比为 34%）。

2012 年三峡水库支流断面水质类别占比见图 5-53。100 个支流断面符合Ⅰ～Ⅲ类水质标准的有 27 个，占比为 27%，其中符合Ⅰ类、Ⅱ类、Ⅲ类水质标准的分别有 2 个、11 个、14 个，占比分别为 2%、11% 和 14%；符合Ⅳ类水质标准的有 18 个，占比为 18%；符合Ⅴ类水质标准的有 34 个，占比为 34%；达到劣Ⅴ类水质标准的有 21 个，占比为 21%。

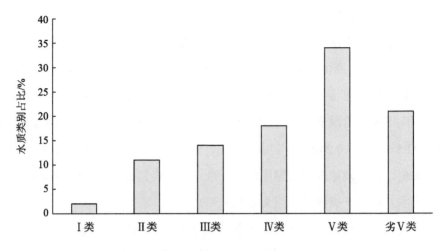

图 5-53　2012 年三峡水库支流断面水质类别占比

（2）各支流水质状况

2012 年三峡水库各支流监测断面水质类别数量见图 5-54。由图可知：

1）三峡水库 28 条支流均出现超标断面，但超标的程度不同，差异也较大，断面超标比例从 33.3%～100% 不等，说明三峡水库各支流水质状况差异较大。

2）御临河、珍溪河、池溪河、汝溪河、壤渡河、苎溪河、梅溪河、草堂河、童庄河、吒溪河 10 条支流水质较差，支流所有监测断面均超标，其中，珍溪河、池溪河、壤渡河、苎溪河 4 条支流均为劣 V 类；汝溪河为 V～劣 V 类；草堂河、吒溪河为 V 类；御临河、梅溪河、童庄河为 IV～V 类。

3）黎香溪、大溪河、青干河 3 条支流水质相对较好，每条支流均有 60% 以上的监测断面符合 I～III 类水质，无劣 V 类水质断面，但仍存在 IV～V 类水质断面。

（3）支流水质超标因子分析

2012 年，三峡水库支流出现超标的因子有总磷、化学需氧量、pH 值、高锰酸盐指数、氨氮，三峡水库支流无重金属及石油类超标污染。各超标因子超标率见图 5-55。

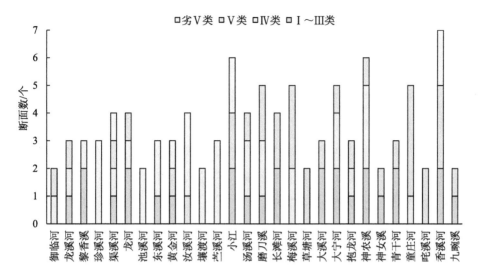

图 5-54 2012 年各支流不同水质类别断面数量

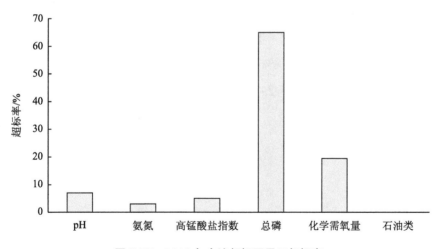

图 5-55 2012 年支流超标因子及超标率

总磷是三峡水库支流主要超标因子，2012 年 65.0%的超标率表明库区支流绝大多数断面总磷均超标，pH 值、高锰酸盐指数、氨氮 3 种超标因子超标率均不超过 10%，化学需氧量超标因子超标率均不超过 20%。进一步分析表明，每条支流均存在总磷超标断面，主要位于支流回水区和河口区。化学需氧量超标率达19.4%，是排序第2位的超标因子，同时高锰酸盐指数和氨氮也偶有超标，这3项超标因子表明三峡水库支流仍然存在一定的综合性有机耗氧物质污染。pH值超标主要是pH值略大于9。石油类在2012年监测的断面中均未超标，而2011年偶有超标，表明支流船舶航运油污染具有偶发性，不是持续稳定的污染因子。总体而言，2013年支流监测表明，总磷和综合性耗氧有机物质污染是支流主要的污染影响因素，支流不存在重金属污染，石油类污染具有较大的偶然性。

5.2.1.3　2013年支流水质状况评析

（1）支流总体水质状况

2013年28条支流92个断面的评价结果统计表明：三峡水库支流水质较差，仅27%的断面水质达标，支流水质类别以Ⅳ～劣Ⅴ类为主，其中Ⅴ类水质断面最多（占比为32%）。

三峡水库支流断面水质类别构成见图5-56。92个支流断面符合Ⅰ～Ⅲ类水质标准的有25个，占比为27%，其中符合Ⅰ类、Ⅱ类、Ⅲ类水质标准的分别有4个、13个、8个，占比分别为4%、14%和9%；符合Ⅳ类水质标准的有15个，占比为16%；符合Ⅴ类标准的有29个，占比为32%；符合劣Ⅴ类标准的有23个，占比为25%。

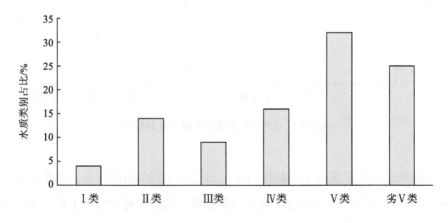

图5-56　2013年三峡水库支流断面水质类别占比

（2）各支流水质状况

2013 年三峡水库各支流监测断面水质类别数量见图 5-57。由图可见：

1）三峡水库 28 条支流均出现超标断面，但超标的程度不同，差异也较大，断面超标比例从 33.3%～100% 不等，说明三峡水库各支流水质状况差异较大。

2）珍溪河、池溪河、黄金河、汝溪河、壤渡河、苎溪河、梅溪河、抱龙河、香溪河 9 条支流水质较差，支流所有监测断面均超标，其中珍溪河、汝溪河、苎溪河 3 条支流均为劣 V 类；壤渡河、梅溪河、香溪河 3 条支流为 V～劣 V 类；池溪河、黄金河 2 条支流均为 V 类；抱龙河 1 条支流为 IV～V 类。

3）大宁河、大溪河 2 条支流水质相对较好，每条支流均有 60% 以上的监测断面符合 I～III 类水质标准，但仍存在 V 类或劣 V 类水质断面。

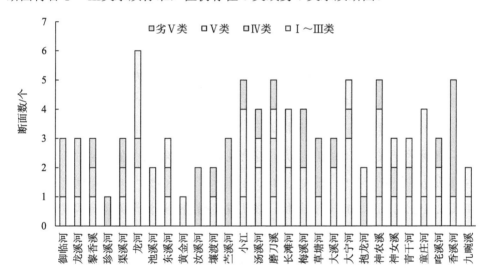

图 5-57　2013 年各支流不同水质类别断面数量

（3）支流水质超标因子分析

2013 年三峡水库支流出现超标的因子有总磷、化学需氧量、石油类、高锰酸盐指数、pH 值、氨氮，三峡水库支流无重金属超标污染。各超标因子超标率见图 5-58。

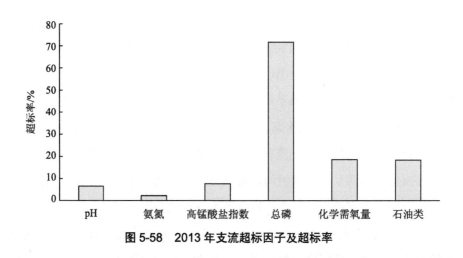

图 5-58 2013 年支流超标因子及超标率

总磷是三峡水库支流主要超标因子，2013 年 71.7%的超标率表明，三峡水库支流绝大多数断面总磷均超标，高锰酸盐指数、pH 值、氨氮 3 种超标因子的超标率均不超过 10%，化学需氧量和石油类的超标率均不超过 20%。进一步分析表明，每条支流均存在总磷超标断面，主要位于支流回水区和河口区。化学需氧量超标率达 18.6%，是排序第 2 位的超标因子，同时高锰酸盐指数和氨氮也偶有超标，这 3 项超标因子表明三峡水库支流的综合性耗氧有机物质存在一定污染。pH 值超标主要是 pH 值略大于 9。石油类 2013 年超标率达 18.4%，2011 年偶有超标（超标率达 2.1%），而 2012 年未超标，表明支流船舶航运油污染具有偶发性，不是持续稳定的污染因子，但 2013 年支流石油类超标较前两年增加明显，可能与蓄水后进入支流的船舶增多有一定关系，需引起关注。总体而言，2013 年支流监测表明，总磷和综合性耗氧有机物质污染仍是支流主要污染的因子。

5.2.1.4 2014 年支流水质状况评析

（1）支流总体水质状况

2014 年 19 条支流 57 个断面的评价结果统计表明：三峡水库支流水质较差，仅 21%的断面水质达标，支流水质类别以Ⅳ～劣Ⅴ类为主，其中劣Ⅴ类水质断面最多（占比为 33%）。

三峡水库支流断面水质类别构成见图 5-59。57 个支流断面符合Ⅰ～Ⅲ类水质标准的有 12 个，占比为 21%，其中符合Ⅰ类、Ⅱ类、Ⅲ类水质标准的分别有 1 个、6 个、5 个，占比分别为 2%、10% 和 9%；符合Ⅳ类水质标准的断面有 9 个，占比为 16%；符合Ⅴ类水质标准的断面有 17 个，占比为 30%；达到劣Ⅴ类水质标准的断面有 19 个，占比为 33%。

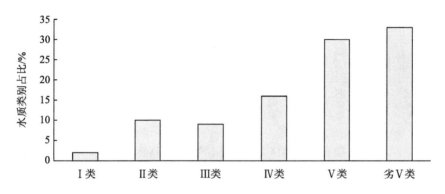

图 5-59　2014 年三峡水库支流断面水质类别占比

（2）各支流水质状况

2014 年三峡水库各支流监测断面水质类别数量见图 5-60。由图可知：

1）三峡水库 19 条支流除绵竹峡外，均出现超标断面，但超标的程度不同，差异也较大，断面超标比例从 33.3%～100% 不等，说明三峡水库各支流水质状况差异较大。

2）香溪河、童庄河、梅溪河、小江、苎溪河、池溪河、汝溪河、东溪河、珍溪河及朱衣河 10 条支流水质较差，支流所有监测断面均超标，其中香溪河、池溪河、苎溪河、珍溪河 4 条支流水质类别均为劣Ⅴ类；梅溪河 1 条支流水质类别为Ⅴ类；汝溪河、东溪河、朱衣河 3 条支流水质类别为Ⅴ～劣Ⅴ类；童庄河、小江 2 条支流水质均为Ⅳ～Ⅴ类。

3）汤溪河 1 条支流水质相对较好，有 60% 以上的监测断面符合Ⅰ～Ⅲ类水质标准，但仍存在劣Ⅴ类水质断面。

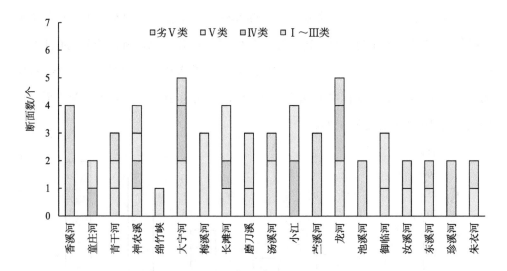

图 5-60 2014 年各支流不同水质类别断面数量

（3）支流水质超标因子分析

2014 年三峡水库支流出现超标的因子有总磷、化学需氧量、高锰酸盐指数、pH 值、氨氮以及溶解氧，三峡水库支流无重金属超标污染。各超标因子超标率见图 5-61。

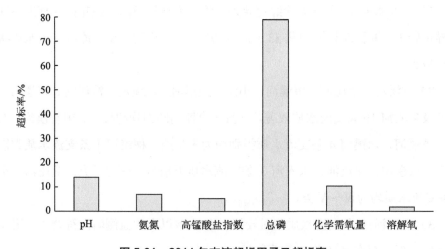

图 5-61 2014 年支流超标因子及超标率

总磷是三峡水库支流水质的主要超标因子，2014 年 78.9%的超标率表明，三峡水库支流绝大多数断面均超标，高锰酸盐指数、氨氮和溶解氧 3 种超标因子的超标率均不超过 10%，化学需氧量和 pH 值超标因子超标率均不超过 20%。进一步分析表明，除绵竹峡外每条支流均存在总磷超标断面，主要位于支流回水区和河口区。pH 值超标率为 14.0%，是排序第 2 位的超标因子，主要是 pH 值略大于 9。化学需氧量超标率达 10.4%，是排序第 3 位的易超标因子，同时高锰酸盐指数、氨氮以及溶解氧也偶有超标。总体而言，2014 年支流监测表明，总磷和综合性耗氧有机物质污染仍是支流主要的污染影响因素，支流不存在重金属污染和石油类的污染。

5.2.1.5　2015 年支流水质状况评析

（1）支流总体水质状况

2015 年 18 条支流 61 个断面的评价结果统计表明：三峡水库支流水质较差，仅 16%的断面水质达标，支流水质类别以Ⅳ～劣Ⅴ类为主，其中Ⅴ类水质断面最多（占比为 38%）。

三峡水库支流断面水质类别构成见图 5-62。61 个支流断面符合Ⅰ～Ⅲ类水质标准的有 10 个，占比为 16%，其中符合Ⅰ类、Ⅱ类、Ⅲ类水质标准的分别有 1 个、3 个、6 个，占比分别为 1%、5%和 10%；符合Ⅳ类水质标准的有 11 个，占比为 18%；符合Ⅴ类水质标准的有 23 个，占比为 38%；达到劣Ⅴ类水质标准的有 17 个，占比为 28%。

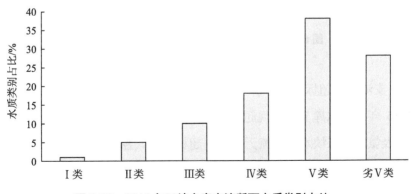

图 5-62　2015 年三峡水库支流断面水质类别占比

（2）各支流水质状况

2015 年三峡水库各支流监测断面水质类别数量见图 5-63。由图可知：

1）三峡水库 18 条支流，除绵竹峡外均出现超标断面，但超标的程度不同，差异也较大，断面超标比例从 66.7%～100% 不等，说明三峡水库各支流水质状况差异较大。

2）香溪河、童庄河、梅溪河、磨刀溪、苎溪河、池溪河、汝溪河、东溪河、珍溪河 9 条支流水质较差，支流所有监测断面均超标，其中梅溪河为Ⅳ～劣Ⅴ类水质；汝溪河均为Ⅴ类水质；香溪河、童庄河、磨刀溪、苎溪河、池溪河、东溪河及珍溪河 7 条支流水质均为Ⅴ～劣Ⅴ类水质。

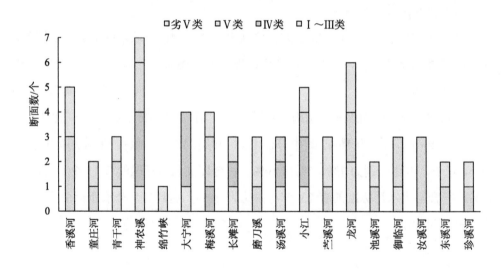

图 5-63　2015 年各支流不同水质类别断面数量

（3）支流水质超标因子分析

2015 年三峡水库支流出现超标的因子有总磷、化学需氧量、高锰酸盐指数、pH 值以及氨氮，三峡水库支流无重金属超标污染。各超标因子超标率见图 5-64。

总磷是三峡水库支流主要超标因子，2015 年 78.7% 的超标率表明，三峡水库支流绝大多数断面总磷均超标，pH 值、高锰酸盐指数和化学需氧量 3 种超标因子的超标率均不超过 10%，氨氮超标率不超过 15%。进一步分析表明，除绵竹峡外每条支流均存在总磷超标断面，主要位于支流回水区和河口区。氨氮超标率为 13.1%，是排序第 2 位的超标因子，同时，高锰酸盐指数、化学需氧量也偶有超标，这 3 项超标因子表明三峡水库支流仍存在一定的综合性耗氧有机物质污染。pH 值超标率为 8.2%，是排序第 3 位的超标因子，主要是 pH 值略大于 9。总体而言，2015 年支流监测表明，总磷和综合性耗氧有机物质污染仍是支流主要的污染影响因子，支流不存在重金属污染和石油类的超标污染。

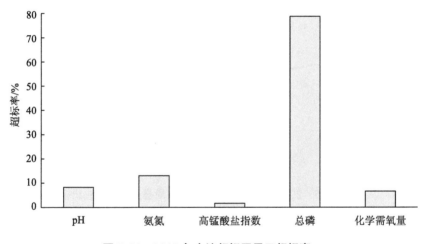

图 5-64　2015 年支流超标因子及超标率

5.2.2　支流水质状况比较分析

5.2.2.1　支流总体水质状况比较

对 2011—2015 年开展监测的 17～28 条支流各监测断面评价结果对比表明（图 5-65）：

1）2011—2015 年三峡水库支流水质均较差，每年 2/3 以上的支流断面均超标，以Ⅳ～劣Ⅴ水质为主，符合（或优于）Ⅲ类水质标准的断面不足 1/3。所有的监测支流均存在断面超标的现象，有的支流甚至连续 5 年所有断面均为Ⅴ～劣Ⅴ类水质，如珍溪河和苎溪河。

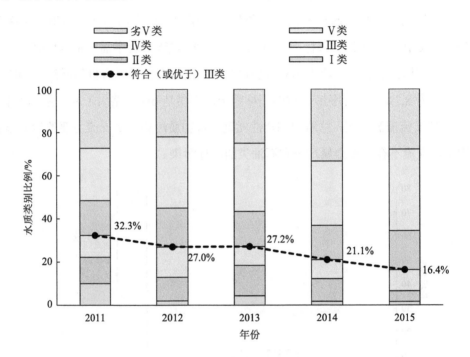

图 5-65 2011—2015 年支流断面水质类别比例构成比较

2011 年监测 28 条支流 99 个断面，评价结果显示仅 33%的断面水质达标，支流水质类别以Ⅳ～劣Ⅴ类为主，其中劣Ⅴ类最多（占比为 27%）；2012 年监测 28 条支流 100 个断面，评价结果显示仅 27%的断面水质达标，支流水质类别以Ⅳ～劣Ⅴ类为主，其中Ⅴ类水最多（占比为 34%）；2013 年监测 28 条支流 92 个断面，评价结果显示仅 27%的断面水质达标，支流水质类别以Ⅳ～劣Ⅴ类为主，其中Ⅴ类水最多（占比为 32%）；2014 年监测 18 条支流 57 个断面，评价结果显示仅 21%的断面水质达标，支流水质类别以Ⅳ～劣Ⅴ类为主，其中劣Ⅴ类最多（占比为 33%）；2015 年监测 17 条支流 61 个断面，评价结果显示仅 16%的断面水质达标，支流水质类别以Ⅳ～劣Ⅴ类为主，其中Ⅴ类水最多（占比为 38%）。

2）2011—2015 年支流水质呈下降趋势，2015 年较 2014 年以及 2014 年较

2013 年和 2012 年，水质均略有下降。三峡水库支流总体水质类别构成的比例表明，支流断面符合Ⅰ～Ⅲ类水质标准的比例由 2011 年的 33%降为 2012 年和 2013年的 27%以及 2014 年的 21%和 2015 年的 16%，分别下降 6 个、12 个和 17 个百分点；Ⅳ类水在 5 年内比例变化不大，2015 年与 2011 年相比，仅升高了 2 个百分点；而较差的Ⅴ类水的比例 2015 年较 2014 年上升了 8 个百分点，较 2011 年则上升了 13 个百分点，增加幅度比较明显；劣Ⅴ类水的比例 2015 年较 2014 年仅下降了 5 个百分点，而较 2011 年则没有明显变化。

5.2.2.2　各支流水质状况比较

三峡水库各支流监测断面水质类别构成见图 5-66～图 5-70，水质相对较差和较好支流列表见表 5-10。由图和表可见：

1）2011—2015 年三峡水库每年监测的 17～28 条支流均出现超标断面，但超标的程度不同，差异也较大，断面超标比例从 25%～100%不等，说明三峡水库各支流水质状况差异较大。据统计，2011—2015 年各支流超标断面比例范围分别为25%～100%、33.3%～100%、33.3%～100%、33.3%～100%和 66.7%～100%。

2）2011 年水质较差支流为御临河、珍溪河、壤渡河、苎溪河、神女溪、童庄河 6 条，其所有调查监测的断面均超标。珍溪河、壤渡河、苎溪河 3 条支流均为劣Ⅴ类水质，童庄河为Ⅴ～劣Ⅴ类水质，神女溪为Ⅳ～Ⅴ类水质，御临河为Ⅳ类水质。2011 年水质相对较好的支流为龙河、大溪河、抱龙河、神农溪、青干河5 条，每条支流均有 60%以上的监测断面符合Ⅰ～Ⅲ类水质，无劣Ⅴ类水质断面，但仍存在Ⅳ～Ⅴ类水质断面。

3）2012 年水质较差支流为御临河、珍溪河、池溪河、汝溪河、壤渡河、苎溪河、梅溪河、草堂河、童庄河、吒溪河 10 条，其所有调查监测的断面均超标。珍溪河、池溪河、壤渡河、苎溪河 4 条支流均为劣Ⅴ类水质，汝溪河为Ⅴ～劣Ⅴ类水质，草堂河、吒溪河为Ⅴ类水质，御临河、梅溪河、童庄河为Ⅳ～Ⅴ类水质。2012年水质相对较好支流为黎香溪、大溪河、青干河 3 条，每条支流均有 60%以上的监测断面符合Ⅰ～Ⅲ类水质标准，无劣Ⅴ类水质断面，但仍存在Ⅳ～Ⅴ类水质断面。

4）2013 年水质较差支流为珍溪河、池溪河、黄金河、汝溪河、壤渡河、苎溪河、梅溪河、抱龙河、香溪河 9 条，其所有调查监测的断面均超标。珍溪河、汝溪河、苎溪河 3 条支流均为劣 V 类水质，壤渡河、梅溪河、香溪河 3 条支流为 V～劣 V 类水质，池溪河、黄金河 2 条支流均为 V 类水质，抱龙河为 IV～V 类水质。2013 年水质相对较好的支流为大宁河、大溪河 2 条，每条支流均有 60%以上的监测断面符合 I～III 类水质标准，但仍存在 V 类或劣 V 类水质断面。

5）2014 年水质较差支流为香溪河、童庄河、梅溪河、小江、苎溪河、池溪河、汝溪河、东溪河、珍溪河及朱衣河 10 条，支流所有被取样的监测断面均超标，其中香溪河、池溪河、苎溪河、珍溪河 4 条支流均为劣 V 类水质；梅溪河为 V 类水质；汝溪河、东溪河、朱衣河 3 条支流为 V～劣 V 类水质；童庄河、小江 2 条支流为 IV～V 类水质。2014 年水质相对较好的支流为汤溪河 1 条，其 60%以上的监测断面符合 I～III 类水质标准，但仍存在劣 V 类水质断面。

6）2015 年水质较差支流为香溪河、童庄河、梅溪河、磨刀溪、苎溪河、池溪河、汝溪河、东溪河、珍溪河 9 条，其所有调查监测的断面均超标。梅溪河为 IV～劣 V 类水质，汝溪河为 V 类水质，香溪河、童庄河、磨刀溪、苎溪河、池溪河、东溪河及珍溪河 7 条支流为 V～劣 V 类水质。2015 年无水质相对较好支流，所有支流水质均较差，每条支流监测断面符合 I～III 类水质标准的比例均不超过 34%。

7）2011—2015 年水质相对较好的支流较少［按 60%以上的支流断面符合（或优于）III 类评判］，主要有大溪河和青干河。

8）2011—2015 年水质相对较差的河流较多（支流全部断面均超标），珍溪河和苎溪河水质最差，连续 5 年水质较差；出现较差状况的支流有 4 条，即童庄河、池溪河、梅溪河、汝溪河。

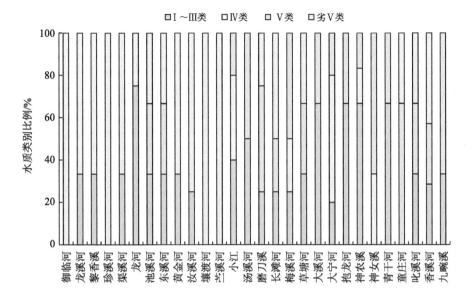

图 5-66　2011 年各支流断面水质类别比例构成

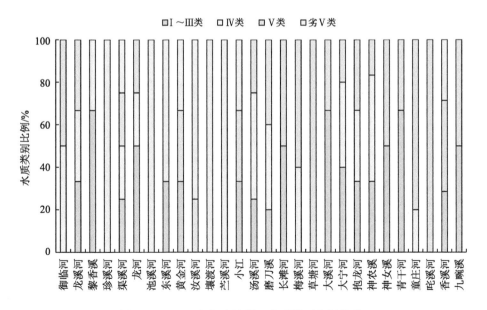

图 5-67　2012 年各支流断面水质类别比例构成

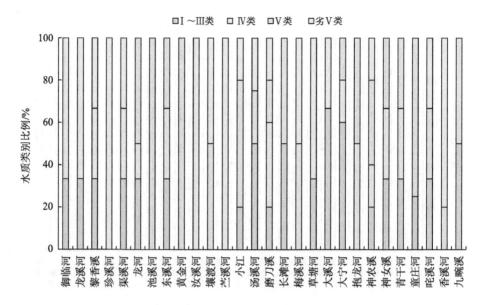

图 5-68 2013 年各支流断面水质类别比例构成

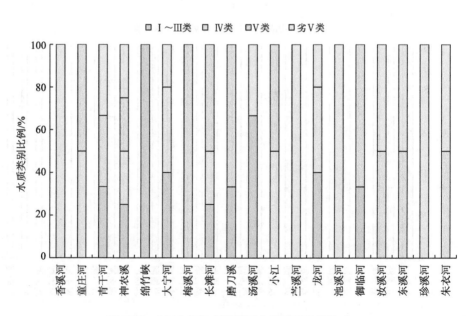

图 5-69 2014 年各支流断面水质类别比例构成

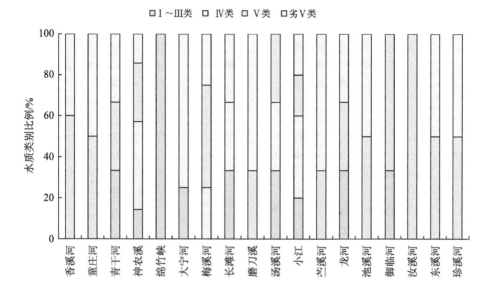

图 5-70　2015 年各支流断面水质类别比例构成

表 5-10　2011—2015 年三峡水库支流水质相对好差比较

	水质相对较差支流 [1]	水质相对较好支流 [2]	监测支流
2011 年	6 条：御临河、珍溪河、壤渡河、苎溪河、神女溪、童庄河	5 条：龙河、大溪河、抱龙河、神农溪、青干河	28 条：御临河、龙溪河、黎香溪、珍溪河、渠溪河、龙河、池溪河、东溪河、黄金河、汝溪河、壤渡河、苎溪河、小江、汤溪河、磨刀溪、长滩河、梅溪河、草塘河、大溪河、大宁河、抱龙河、神农溪、神女溪、青干河、童庄河、吒溪河、香溪河、九畹溪
2012 年	10 条：御临河、珍溪河、池溪河、汝溪河、壤渡河、苎溪河、梅溪河、草堂河、童庄河、吒溪河	3 条：黎香溪、大溪河、青干河	同上
2013 年	9 条：珍溪河、池溪河、黄金河、汝溪河、壤渡河、苎溪河、梅溪河、抱龙河、香溪河	2 条：大宁河、大溪河	同上

	水质相对较差支流[1]	水质相对较好支流[2]	监测支流
2014年	10条：香溪河、童庄河、梅溪河、小江、苎溪河、池溪河、汝溪河、东溪河、珍溪河及朱衣河	1条：汤溪河	18条：御临河、珍溪河、龙河、池溪河、东溪河、汝溪河、苎溪河、小江、汤溪河、磨刀溪、长滩河、朱衣河、梅溪河、大宁河、神农溪、青干河、童庄河、香溪河
2015年	9条：香溪河、童庄河、梅溪河、磨刀溪、苎溪河、池溪河、汝溪河、东溪河、珍溪河	0条	17条：御临河、珍溪河、龙河、池溪河、东溪河、汝溪河、苎溪河、小江、汤溪河、磨刀溪、长滩河、梅溪河、大宁河、神农溪、青干河、童庄河、香溪河
出现5年	2条：珍溪河、苎溪河	0条	17～28条
出现4年	4条：童庄河、池溪河、梅溪河、汝溪河	0条	
出现3年	2条：壤渡河、香溪河	1条：大溪河	
出现2年	2条：御临河、东溪河	1条：青干河	
出现1年	8条：神女溪、草堂河、吒溪河、黄金河、抱龙河、小江、朱衣河、磨刀溪	6条：龙河、抱龙河、神农溪、黎香溪、大宁河、汤溪河	

注：1. 评判标准为支流全部断面均超标；2. 评判标准为60%以上的支流断面符合（或优于）Ⅲ类。

5.2.2.3 支流水质超标因子比较分析

2011—2015年对三峡水库开展调查监测的支流进行超标因子分析，结果表明（图5-71）：

1）三峡水库支流出现的水质超标因子主要有总磷、化学需氧量、高锰酸盐指数、氨氮、pH值、溶解氧和石油类。其中，石油类为偶发性不稳定超标污染物，仅在2011年和2013年出现过，溶解氧在2014年出现过一次超标情况（苎溪河，3.1 mg/L，Ⅳ类）。三峡水库支流无重金属超标情况。2011—2015年三峡水库支流各年超标因子具体情况如下：2011年三峡水库支流出现超标的因子有总磷、高锰酸盐指数、pH值、化学需氧量、石油类、氨氮；2012年超标因子有总磷、化学需氧量、pH值、高锰酸盐指数、氨氮；2013年超标因子有总磷、化学需氧量、石油类、高锰酸盐指数、pH值、氨氮；2014年超标因子有总磷、化学需氧量、高锰酸盐指数、pH 值、氨氮以及溶解氧；2015 年超标因子有总磷、化学需氧量、高锰酸盐指数、pH 值以及氨氮。

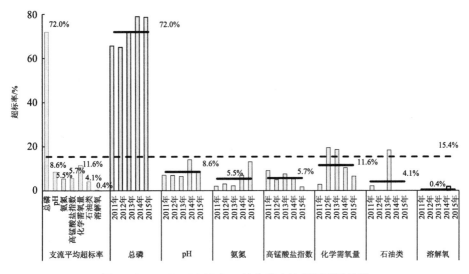

图 5-71　2011—2015 年三峡水库支流超标因子比较

2）三峡水库支流总体表现为以总磷营养盐为代表以及以化学需氧量、高锰酸盐指数、氨氮等综合性耗氧有机物质为代表的超标污染，支流不存在重金属污染，石油类污染在 2011 年和 2013 年出现过，2014 年和 2015 年均未再出现，但仍然需要引起关注。高锰酸盐指数、化学需氧量和氨氮 3 项超标因子表明三峡水库支流存在一定的综合性耗氧有机物质污染。pH 值超标主要是 pH 值略大于 9，部分监测断面呈弱碱性，与部分断面藻类繁殖旺盛，大量吸收水中二氧化碳，打破水解平衡有关。石油类在部分断面超标，表明支流船舶航运存在一定的油污染。

3）总磷是三峡水库主要超标因子。2011—2015 年总磷超标率均超过了 60%，其中，2013—2015 年均超过了 70%，其他超标因子的超标率未超过 20%，大多数未超过 10%。总磷是影响支流水质类别的决定性因素，支流断面总体水质类别分析表明，总磷对水质类别超标的贡献率达 65% 以上。但总磷的影响应辩证地来看待，由于占大多数样本的回水区和河口断面，应按更严格的湖库总磷超标标准评价（湖库和河流Ⅲ类评价限值分别为 0.05 mg/L 和 0.2 mg/L，湖库是河流Ⅲ类评价限值的 1/4），总磷浓度值不高的断面也存在超标的可能性，在一定程度上影响了支流水质类别比例的构成。

5.2.2.4 支流水质典型参数变化分析

选取 pH 值、氨氮、高锰酸盐指数、总磷、化学需氧量以及石油类作为三峡水库支流典型参数，对每条支流每项典型参数的年均值进行比较，2011—2015 年三峡水库入库支流典型参数年际变化分析表明：

1）总磷。2011—2015 年三峡水库支流总磷浓度变化见图 5-72。由图可知，所有支流在 2011—2015 年均出现过总磷浓度超标情况，所有支流总磷年度测值均超出湖库总磷Ⅲ类标准。珍溪河、池溪河、汝溪河、壤渡河、朱衣河、苎溪河、吒溪河以及香溪河情况最差，总磷在多个年份的测值均超过湖库总磷标准Ⅴ类限值，达到湖库总磷劣Ⅴ类标准。2011—2015 年苎溪河、吒溪河、香溪河、池溪河、珍溪河、壤渡河、汝溪河、朱衣河的总磷 5 年内的总体均值相对较高，分别为 0.53 mg/L、0.43 mg/L、0.36 mg/L、0.30 mg/L、0.28 mg/L、0.27 mg/L、0.23 mg/L、0.23 mg/L；其他支流的总磷在 5 年内的总体均值均低于 0.20 mg/L。

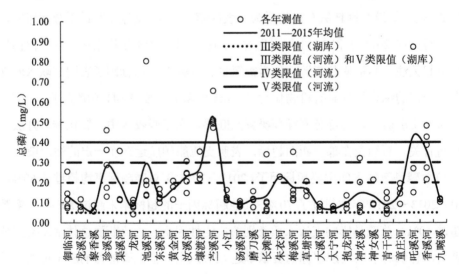

图 5-72 2011—2015 年库区支流总磷浓度对比

2）高锰酸盐指数。2011—2015 年三峡水库支流高锰酸盐指数浓度变化见图 5-73。由图可知，珍溪河、渠溪河、池溪河、黄金河、苎溪河以及吒溪河在个别年份超过Ⅲ类标准，池溪河在 2014 年以及吒溪河在 2011 年超过Ⅴ类限值，达到劣Ⅴ类水质标准，高锰酸盐浓度分别为 16.1 mg/L 和 22.6 mg/L，其他支流年度测值均符合（或优于）Ⅲ类标准。从 2011—2015 年总体均值来看，除吒溪河高锰酸盐浓度均值高于Ⅲ类限值达到Ⅳ类外（9.8 mg/L），其他支流总体均值均符合（或优于）Ⅲ类水质标准。

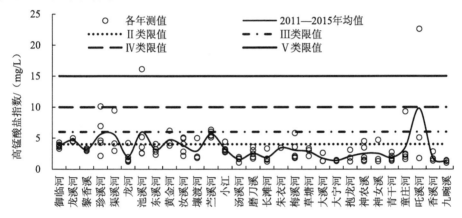

图 5-73　2011—2015 年库区支流高锰酸盐浓度对比

3）化学需氧量。2011—2015 年三峡水库支流化学需氧量浓度变化见图 5-74。由图可知，珍溪河、龙河、汤溪河、磨刀溪、长滩河、大溪河、大宁河、抱龙河、神农溪、神女溪、香溪河、九畹溪化学需氧量年度测值相对较低，年度测值和 5 年总体均值均低于 15 mg/L，符合（或优于）Ⅱ类水质标准。御临河、东溪河、黄金河、汝溪河、苎溪河、小江、梅溪河、青干河、童庄河、吒溪河均存在不同年份化学需氧量测值超过Ⅲ类限值的情况，其中，御临河（2012 年 55 mg/L）、池溪河（2014 年 52 mg/L）、童庄河（2011 年 45 mg/L）和吒溪河（2013 年 60 mg/L）出现超Ⅴ类限值的情况。从 2011—2015 年总体均值来看，除池溪河、黄金河、苎溪河、童庄河、吒溪河化学需氧量 5 年浓度均值超出 20 mg/L，劣于Ⅲ类水质标准外，其他支流 5 年总体均值符合（或优于）Ⅲ类水质标准。

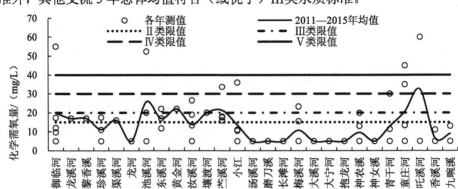

图 5-74　2011—2015 年库区支流化学需氧量浓度对比

4）氨氮。2011—2015 年三峡水库支流氨氮浓度变化见图 5-75。由图可知，三峡水库大部分支流氨氮年度测值基本都在Ⅱ类限值以下。主要是苎溪河氨氮浓度明显偏高，且大部分年份均超过Ⅴ类限值，2011 年为 2.21 mg/L、2013 年为 2.72 mg/L、2014 年为 2.85 mg/L、2015 年为 2.34 mg/L，其他支流各年度氨氮测值均低于 1.0 mg/L 而优于Ⅲ类水质标准。从 2011—2015 年总体均值来看，除苎溪河氨氮浓度均值为 2.27 mg/L，超出Ⅴ类限值（2.0 mg/L）外，其他支流氨氮总体均值均符合（或优于）Ⅱ类水质标准。

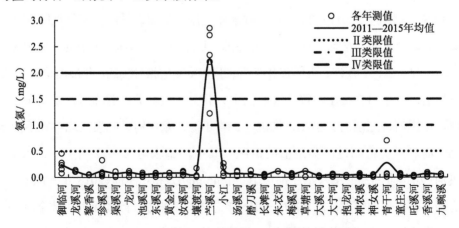

图 5-75　2011—2015 年库区支流氨氮浓度对比

5）石油类。2011—2015 年三峡水库支流石油类浓度变化见图 5-76。由图可知，三峡水库支流除大溪河在 2011 年石油类浓度达到 4.86 mg/L，超Ⅴ类限值外，其他支流石油类浓度在 2011—2015 年年际变化幅度较小，仅龙溪河（2013 年 0.07 mg/L）、珍溪河（2013 年 0.06 mg/L）、黄金河（2013 年 0.13 mg/L）、汝溪河（2013 年 0.07 mg/L）、抱龙河（2013 年 0.08 mg/L）以及吒溪河（2013 年 0.06 mg/L）出现过略超出Ⅲ类水质标准的情况，其他在大部分年份里石油类浓度均符合（或优于）Ⅲ类水质标准。从 2011—2015 年的总体均值来看，由于支流大溪河 2011 年石油类出现极大值（4.86 mg/L）导致整体均值超标达到劣Ⅴ类，以及黄金河石油类 5 年内均值为 0.06 mg/L，略超出Ⅲ类水质标准外，其他支流 5 年总体均值均符合（或优于）Ⅲ类水质标准。

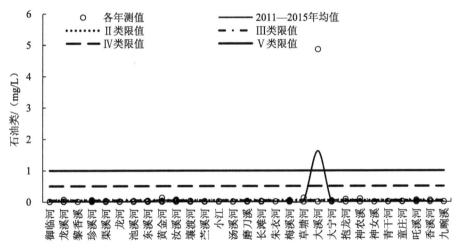

图 5-76 2011—2015 年库区支流石油类浓度对比

6）pH 值。2011—2015 年三峡水库支流 pH 值变化见图 5-77。由图可知，三峡水库各支流 pH 值变化幅度均较小，仅珍溪河与池溪河个别年份超出限值，最高达到 9.5，其他支流 pH 值均在限值之内。2011—2015 年 pH 值在 5 年内的总体均值仅珍溪河略超限，达到 9.2，其他支流均符合 pH 值 6~9 限值要求。

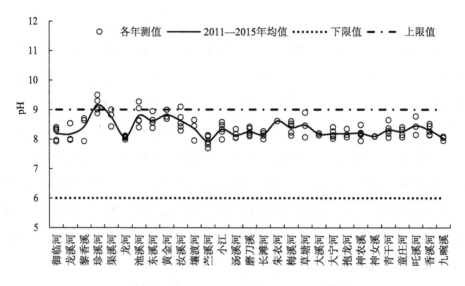

图 5-77　2011—2015 年库区支流 pH 值对比

5.2.3　不同历史蓄水期支流水质特征分析

水库蓄水后，支流水质监测逐步完善常态化。本节依据 2003 年以来，开展多次三峡水库蓄水期水环境质量状况专项调查和三峡水库不同蓄水位库区支流库湾富营养化专项调查，以及 2011—2015 年支流水质监测调查成果，对三峡水库支流水质状况进行长时间系列比较分析。

为使蓄水前后三峡水库支流水质具有可比性和连贯性，选择蓄水前后具有较长监测数据系列资料的 8 条典型支流（香溪、大宁河、梅溪河、长滩河、磨刀溪、汤溪河、小江和龙河），在 2003—2015 年，每年 3—4 月同期的水质监测结果进行对比分析。各支流均选择上游来水、回水中段和支流口 3 个代表断面的水质监测数据进行统计分析。除个别支流某些年份有少数回水中段断面未监测外，基本上 8 条典型支流 3 个不同区段断面监测数据齐全。评价参数为 pH 值、溶解氧、高锰酸盐指数、氨氮和总磷 5 项。总磷上游来水断面采用河流标准评价，其他断面均采用湖库标准评价。

5.2.3.1　蓄水前支流水质特征

三峡水库蓄水前，库区的水质监测以干流为主，支流只针对部分支流口开展水质监测工作。2003 年 4 月在 135 m 蓄水前，对库区香溪河、大宁河、梅溪河、长滩河、磨刀溪、汤溪河、小江、龙河 8 条流域面积大于 1 000 km² 的支流的河口断面进行了蓄水前的水质本底调查监测。以下对此次水质监测结果开展分析评价工作，以分析支流蓄水前的水质状况。

1）参照《地表水环境质量标准》（GB 3838），采用单因子评价法进行评价，结果表明：

蓄水前约九成的典型支流河口断面水质符合（或优于）Ⅲ类水质标准。其中，66.7%的支流口水质类别为Ⅱ类，Ⅲ类占比为 22.2%，Ⅴ类占比为 11.1%（图 5-78）。龙河、汤溪河、磨刀溪、长滩河、梅溪河和大宁河水质类别为Ⅱ类，小江水质类别为Ⅲ类，香溪河水质类别为Ⅴ类。蓄水前支流水质主要影响因子为总磷，主要是香溪河总磷超标。

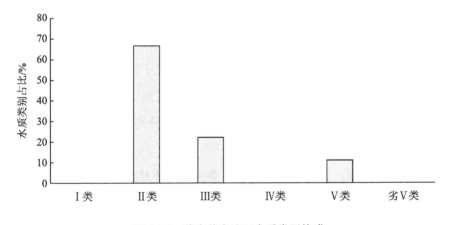

图 5-78　蓄水前支流口水质类别构成

2）蓄水前三峡水库典型支流河口 pH 值变幅为 7.1～8.3，磨刀溪最低，龙河最高；溶解氧含量变幅为 7.3～9.5 mg/L，梅溪河和大宁河最低，香溪河最高；高锰酸盐指数值变幅为 1.1～5.2 mg/L，龙河最低，小江最高；总磷含量为 0.02～

0.35 mg/L，小江最低，香溪河最高；氨氮为＜0.05～0.94 mg/L，龙河和长滩河最低，小江最高（表 5-11）。

表 5-11　库区支流口各参数均值范围统计

单位：mg/L

参数	pH 值	溶解氧	高锰酸盐指数	氨氮	总磷
河口断面均值范围	7.1～8.3	7.3～9.5	1.1～5.2	＜0.05～0.94	0.02～0.35

5.2.3.2　蓄水后初期运行期支流水质特征

（1）水质类别构成

蓄水后初期运行期（2004—2010 年）8 条典型支流水质评价结果见图 5-79，具体分析如下：

1）蓄水后初期运行期支流水质总体较差，Ⅳ～劣Ⅴ类断面测次比例达 52.6%。支流断面水质类别Ⅳ类占比最高，达到 29%；其次为Ⅱ类，占比为 21.3%；再次为Ⅲ类，占比 17.8%；Ⅰ类和劣Ⅴ类均不足 10%。

2）蓄水后初期运行期三峡水库各支流水质类别比例构成差异较大。龙河和大宁河水质相对较好，符合（或优于）Ⅲ类水质标准的断面测次比例分别为 58.8% 和 79.2%；小江和香溪河水质相对较差，符合（或优于）Ⅲ类水质标准的断面测次比例最低，分别为 30.4% 和 21.7%；汤溪河、梅溪河、磨刀溪和长滩河水质状况相当，符合（或优于）Ⅲ类水质标准的断面比例分别为 45.0%、47.6%、47.6 和 50.0%。

磨刀溪、汤溪河、香溪河和小江无Ⅰ类断面，磨刀溪Ⅱ类水质占 28.6%、Ⅲ类水质占 19.0%、Ⅳ类水质占 23.8%、Ⅴ类水质占 19.0%、劣Ⅴ类水质占 9.5%；汤溪河Ⅱ类水质占 30.0%、Ⅲ类水质占 15.0%、Ⅳ类水质占 30.0%、Ⅴ类水质占 20.0%、劣Ⅴ类水质占 5.0%；香溪河Ⅱ类水质占 13.0%、Ⅲ类水质占 8.7%、Ⅳ类水质占 34.8%、Ⅴ类水质占 21.7%、劣Ⅴ类水质占 21.7%；小江Ⅱ类水质占 21.7%、Ⅲ类水质占 8.7%、Ⅳ类水质占 43.5%、Ⅴ类水质占 17.4%、劣Ⅴ类水质占 8.7%。大宁河和梅溪河无劣Ⅴ类断面，大宁河Ⅰ类水质占 25.0%、Ⅱ类水质占 16.7%、

Ⅲ类水质占37.5%、Ⅳ类水质占16.7%、Ⅴ类水质占4.2%；梅溪河Ⅰ类水质占14.3%、Ⅱ类水质占9.5%、Ⅲ类水质占23.8%、Ⅳ类水质占38.1%、Ⅴ类水质占14.3%。龙河和长滩河全部水质类别均有覆盖，龙河Ⅰ类水质占5.9%、Ⅱ类水质占35.3%、Ⅲ类水质占17.6%、Ⅳ类水质占11.8%、Ⅴ类水质占17.6%、劣Ⅴ类水质占11.8%；长滩河Ⅰ类水质占20.0%、Ⅱ类水质占20.0%、Ⅲ类水质占10.0%、Ⅳ类水质占30.0%、Ⅴ类水质占15.0%、劣Ⅴ类水质占5.0%。

3）蓄水后初期运行期三峡水库支流总磷是主要的超标因子，超标次数为88次，超标比例为52.1%；pH值和高锰酸盐指数偶有超标，超标次数各3次，超标比例为1.8%，其余参评因子含量基本符合（或优于）Ⅲ类水质标准。

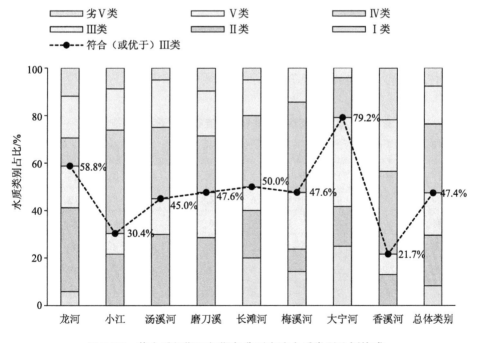

图 5-79 蓄水后初期运行期各典型支流水质类别比例构成

（2）因子含量水平

蓄水后初期运行期（2004—2010 年）三峡水库各典型支流因子含量水平统计

见表 5-12 和图 5-80～图 5-84。

1）典型支流各因子变幅水平，pH 值变幅为 7.7～9.4，溶解氧变幅为 6.7～18.7 mg/L，高锰酸盐指数变幅为 0.9～20.5 mg/L，氨氮变幅为＜0.05～0.47 mg/L，总磷变幅为＜0.01～1.05 mg/L。

2）典型支流各因子均值变化范围，pH 值为 8.1～8.3，溶解氧为 8.9～10.9 mg/L，高锰酸盐指数为 1.6～3.7 mg/L，氨氮为＜0.05～0.12 mg/L，总磷为 0.04～0.16 mg/L。

3）蓄水后初期运行期龙河和香溪河总磷浓度整体较高，均值分别为 0.15 mg/L 和 0.16 mg/L；小江和汤溪河总磷浓度居中，均值为 0.12 mg/L，其他支流总磷浓度均小于 0.1 mg/L。龙河、小江和磨刀溪氨氮浓度整体高于其他支流，均值分别为 0.11 mg/L、0.11 mg/L 和 0.12 mg/L，其他支流氨氮平均浓度均低于 0.1 mg/L。pH 值变化幅度较小，均在 8.2 附近。溶解氧龙河浓度最高，均值为 10.9 mg/L，汤溪河最低，均值为 8.9 mg/L，其他支流溶解氧浓度均值在 10 mg/L 左右。高锰酸盐指数龙河最高，均值为 3.7 mg/L，长滩河和大宁河最低，均值为 1.6 mg/L。

表 5-12　蓄水后初期运行期典型支流典型因子浓度特征统计　　单位：mg/L

典型支流	pH 值	溶解氧	高锰酸盐指数	氨氮	总磷
龙河	8.2（7.9～9.3）	10.9（8.2～16.7）	3.7（1.4～20.5）	0.11（＜0.05～0.47）	0.15（0.02～1.05）
小江	8.1（7.8～8.9）	9.4（6.9～13.8）	2.6（1.5～4.8）	0.11（＜0.05～0.31）	0.12（0.01～0.35）
汤溪河	8.2（7.9～8.7）	8.9（6.7～11.9）	1.7（1.2～4.3）	0.07（＜0.05～0.35）	0.12（0.02～0.88）
磨刀溪	8.3（7.8～9.4）	10.0（7.9～18.7）	2.5（1.5～4.9）	0.12（＜0.05～0.32）	0.09（0.03～0.21）
长滩河	8.1（7.9～8.6）	9.1（7.5～10.9）	1.6（0.9～2.6）	0.07（＜0.05～0.15）	0.08（＜0.01～0.32）
梅溪河	8.2（7.9～9.0）	9.9（7.9～14.8）	2.4（1.3～7.1）	0.08（＜0.05～0.29）	0.07（＜0.01～0.15）
大宁河	8.1（7.7～8.5）	9.5（7.5～14.4）	1.6（0.9～3.3）	0.08（＜0.05～0.30）	0.04（＜0.01～0.12）
香溪河	8.2（7.8～9.0）	10.1（7.6～13.0）	1.8（1.2～2.8）	0.06（＜0.05～0.21）	0.16（0.04～0.60）
均值范围	8.1～8.3	8.9～10.9	1.6～3.7	＜0.05～0.12	0.04～0.16
支流变幅	7.7～9.4	6.7～18.7	0.9～20.5	＜0.05～0.47	＜0.01～1.05

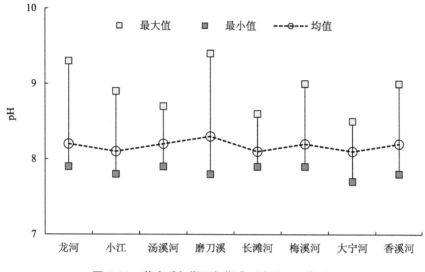

图 5-80 蓄水后初期运行期典型支流 pH 值对比

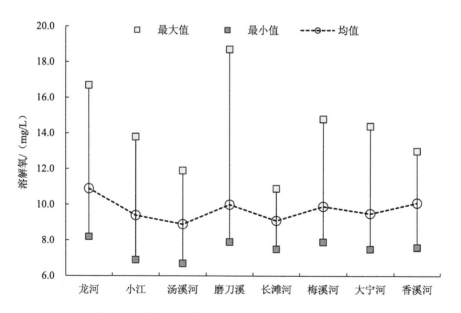

图 5-81 蓄水后初期运行期典型支流溶解氧浓度对比

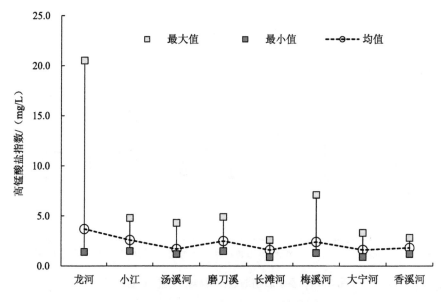

图 5-82　蓄水后初期运行期典型支流高锰酸盐指数浓度对比

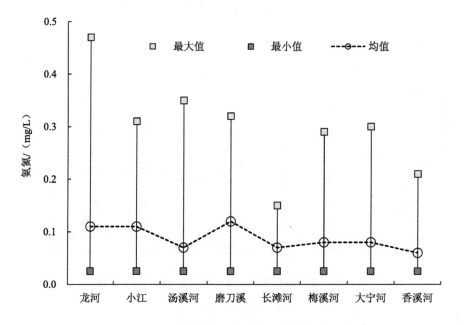

图 5-83　蓄水后初期运行期典型支流氨氮浓度对比

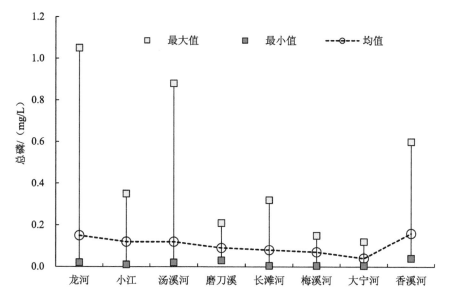

图5-84 蓄水后初期运行期典型支流总磷浓度对比

5.2.3.3 蓄水后高水位运行期支流水质特征

（1）水质类别构成

蓄水后高水位运行期（2011—2015年）8条典型支流评价结果见图5-85，具体分析如下：

1）蓄水后高水位运行期支流水质总体较差，Ⅳ～劣Ⅴ类断面测次比例达69.8%。支流断面水质类别Ⅴ类占比最高，达到33.5%；其次为Ⅲ类，占比为16.8%；再次为劣Ⅴ类，占比为16.2%；Ⅰ类占比不足3%。

2）蓄水后高水位运行期各支流间水质类别比例构成差异较大。大宁河、龙河、汤溪河和长滩河水质相当，符合（或优于）Ⅲ类水质标准的断面测次比例依次为41.7%、52.0%、44.4%、42.1%；磨刀溪、香溪河和小江水质相对较差，符合（或优于）Ⅲ类水质标准的断面测次比例较低，分别为20.0%、14.3%和24.0%；梅溪河水质最差，符合（或优于）Ⅲ类水质标准的断面比例仅为5.0%。

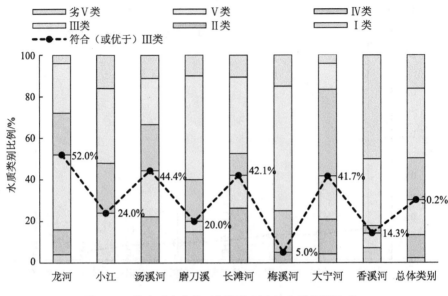

图 5-85　蓄水后高水位运行期典型支流水质类别构成

磨刀溪、汤溪河和长滩河无Ⅰ类断面，磨刀溪Ⅱ类水质占 15.0%、Ⅲ类水质占 5.0%、Ⅳ类水质占 20.0%、Ⅴ类水质占 50.0%、劣Ⅴ类水质占 10.0%；汤溪河Ⅱ类水质占 22.2%、Ⅲ类水质占 22.2%、Ⅳ类水质占 22.2%、Ⅴ类水质占 22.2%、劣Ⅴ类水质占 11.2%；长滩河Ⅱ类水质占 26.3%、Ⅲ类水质占 15.8%、Ⅳ类水质占 10.5%、Ⅴ类水质占 36.8%、劣Ⅴ类水质占 10.5%。梅溪河无Ⅰ类和Ⅲ类断面，符合Ⅱ类、Ⅳ类、Ⅴ类和劣Ⅴ类的断面测次比例分别为 5.0%、20.0%、60.0%、15.0%。小江无Ⅰ类和Ⅱ类断面，符合Ⅲ类、Ⅳ类、Ⅴ类和劣Ⅴ类的断面测次比例分别为 24.0%、24.0%、36.0%、16.0%。香溪河无Ⅱ类断面，符合Ⅰ类、Ⅲ类、Ⅳ类、Ⅴ类和劣Ⅴ类的断面测次比例分别为 7.1%、7.1%、3.6%、32.1%、50.0%。大宁河和龙河水质类别均有覆盖，符合Ⅰ类、Ⅱ类、Ⅲ类、Ⅳ类、Ⅴ类、劣Ⅴ类的断面测次比例大宁河分别为 4.2%、16.7%、20.8%、41.7%、12.5%、4.2%；龙河分别为 4.0%、12.0%、36.0%、20.0%、24.0%、4.0%。

3）蓄水后高水位运行期 8 条典型支流，总磷是主要超标因子，超标次数为

125 次，超标比例为 69.8%；pH 值和高锰酸盐指数偶有超标，超标次数分别为 4 次和 7 次，超标比例分别为 2.2% 和 3.9%，其余参评因子含量基本符合（或优于）Ⅲ类水质标准。

（2）因子含量水平

蓄水后高水位运行期（2011—2015 年）三峡水库各支流因子含量水平统计见表 5-13 和图 5-86～图 5-90。

1）三峡水库典型支流各因子变幅水平如下：pH 值变幅为 7.8～9.3，溶解氧变幅为 8.7～24.4 mg/L，高锰酸盐指数变幅为 0.7～17.7 mg/L，氨氮变幅为＜0.05～0.81 mg/L，总磷变幅为＜0.01～1.34 mg/L。

2）三峡水库典型支流各因子均值变化范围如下：pH 值为 8.1～8.4，溶解氧为 10.0～11.7 mg/L，高锰酸盐指数为 1.4～3.3 mg/L，氨氮为＜0.05～0.16 mg/L，总磷为 0.07～0.36 mg/L。

3）蓄水后高水位运行期 8 条典型支流各因子特征比较如下：pH 值各支流相差不大，最低为龙河 8.1，最高为梅溪河 8.4。溶解氧各支流差别也不大，最高为小江，浓度均值为 11.7 mg/L，最低为龙河，浓度均值为 10 mg/L。高锰酸盐各支流浓度差异较大，最高为小江，均值浓度为 3.3 mg/L，最低为大宁河，均值浓度为 1.4 mg/L，相差超过 1 倍。氨氮除小江浓度均值 0.16 mg/L 略高外，其他支流均未超过 0.1 mg/L。总磷整体浓度较高，均超过Ⅲ类限值，其中大宁河、龙河、汤溪河相对较低，浓度均值低于 0.1 mg/L，其他支流总磷浓度均值均超过 0.1 mg/L，香溪河最高，总磷浓度均值为 0.36 mg/L。

表 5-13　蓄水后高水位运行期典型支流参数浓度特征统计　　　　　　单位：mg/L

典型支流	pH 值	溶解氧	高锰酸盐指数	氨氮	总磷
龙河	8.1 （7.9～8.3）	10.0 （9.0～11.4）	2.0 （0.7～16.6）	0.07 （＜0.05～0.25）	0.09 （0.01～0.33）
小江	8.3 （7.8～9.3）	11.7 （9.0～24.4）	3.3 （1.6～8.2）	0.16 （＜0.05～0.81）	0.13 （0.03～0.37）

典型支流	pH 值	溶解氧	高锰酸盐指数	氨氮	总磷
汤溪河	8.1 （7.9～8.4）	10.1 （9.0～12.0）	1.6 （0.8～2.1）	0.08 （<0.05～0.20）	0.09 （0.04～0.22）
磨刀溪	8.2 （8.0～8.9）	10.5 （9.2～12.8）	2.0 （1.4～8.0）	0.07 （<0.05～0.18）	0.11 （0.01～0.23）
长滩河	8.2 （7.9～8.5）	10.7 （9.3～14.9）	1.9 （0.9～7.3）	<0.05 （<0.05～0.14）	0.14 （0.02～0.94）
梅溪河	8.4 （7.9～9.1）	11.3 （9.6～16.9）	3.0 （1.3～17.7）	0.05 （<0.05～0.11）	0.18 （0.05～0.83）
大宁河	8.2 （7.9～8.5）	10.2 （8.7～11.0）	1.4 （0.8～1.7）	<0.05 （<0.05～0.12）	0.07 （0.02～0.21）
香溪河	8.3 （8.0～9.1）	10.9 （9.5～17.0）	1.7 （1.0～6.5）	<0.05 （<0.05～0.16）	0.36 （<0.01～1.34）
均值范围	8.1～8.4	10.0～11.7	1.4～3.3	<0.05～0.16	0.07～0.36
支流变幅	7.8～9.3	8.7～24.4	0.7～17.7	<0.05～0.81	<0.01～1.34

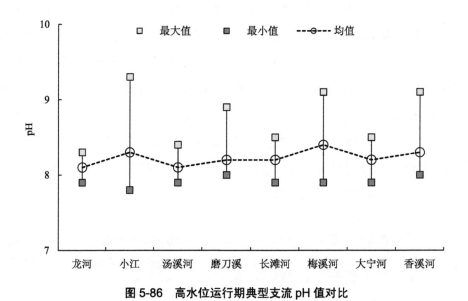

图 5-86　高水位运行期典型支流 pH 值对比

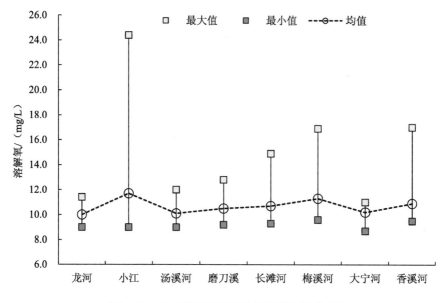

图 5-87 高水位运行典型支流溶解氧浓度对比

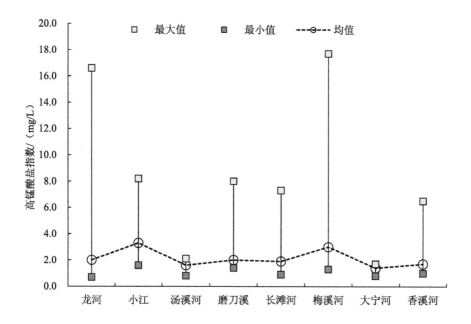

图 5-88 高水位运行期典型支流高锰酸盐指数浓度对比

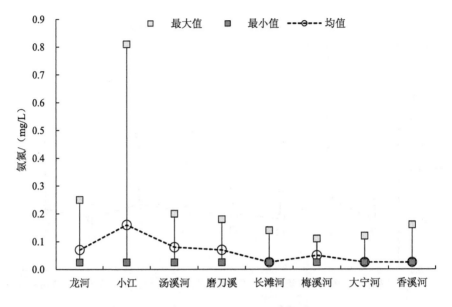

图 5-89　高水位运行期典型支流氨氮浓度对比

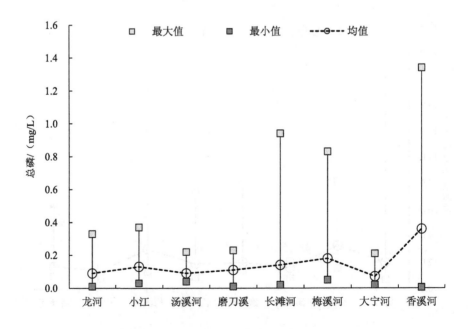

图 5-90　高水位运行期典型支流总磷浓度对比

5.2.3.4 不同历史蓄水期支流水质变化比较分析

（1）水质类别比例变化

对蓄水前、蓄水后初期运行期、蓄水后高水位运行期支流整体水质类别比例构成开展对比分析，蓄水后支流水质类别总体变差，其中，蓄水后高水位运行期较蓄水后初期运行期支流水质类别总体变差。

1）蓄水前支流水质类别以较好的Ⅱ～Ⅲ类为主（两者占比达88.9%），符合（或优于）Ⅲ类的水质断面占比为88.9%；蓄水后初期运行期支流水质以较差的Ⅳ类～Ⅴ类为主（占比达52.7%），符合（或优于）Ⅲ类的水质断面占比下降为47.4%；蓄水后高水位运行期支流水质类别同样以较差的Ⅳ～Ⅴ类为主（占比达到69.8%），符合（或优于）Ⅲ类的水质断面占比下降为30.2%（图5-91）。

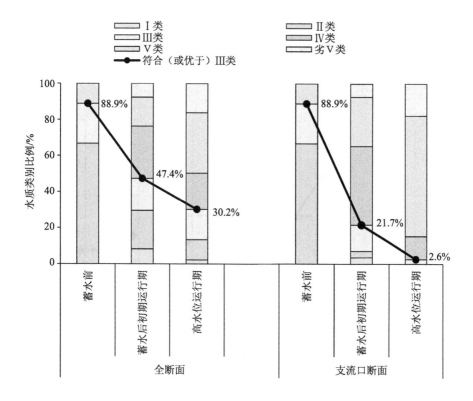

图5-91 三峡水库典型支流不同历史蓄水期水质类别比例变化

2）由于蓄水前各支流仅为支流口数据评价结果，因此将蓄水后初期运行期和蓄水后高水位运行期支流按支流口单独开展类别评价，进一步的水质类别构成比例对比分析表明，支流口同比显示蓄水后支流口水质更差。蓄水后初期运行期和蓄水后高水位运行期支流口的水质类别仍以较差的Ⅳ～Ⅴ类为主，占比进一步上升，分别达到78.3%和97.4%，符合（或优于）Ⅲ类的水质断面占比下降分别为21.7%和2.6%（图5-91）。

3）8条典型支流整体统计，蓄水后初期运行期（2004—2010年）以及蓄水后高水位运行期（2011—2015年）水质符合（或优于）Ⅲ类水质标准的断面比例范围分别为34.3%～69.6%和25.8%～37.8%，较蓄水前（2003年）的88.9%明显降低，且水质变差（图5-92）。其中，蓄水后高水位运行期符合（或优于）Ⅲ类水质标准的断面比例平均为30.2%，较蓄水后初期运行期的47.4%进一步降低，说明支流在蓄水后高水位运行期（2011—2015年）水质状况进一步下降。

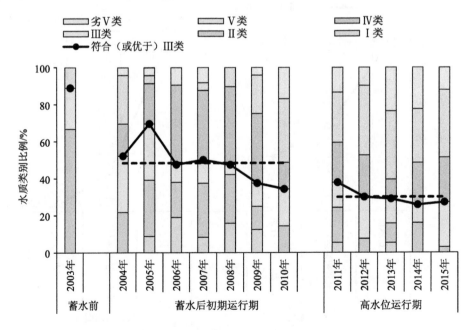

图 5-92　三峡水库典型支流不同历史蓄水期断面水质类别对比

4）对蓄水后（2004—2015 年）库区支流年际间水质类别进一步的变化比较表明（图 5-92）：蓄水后支流水质短暂趋好之后呈逐年下降趋势，2004 年蓄水后第一年支流水质较蓄水前下降，2005 年水质状况有所好转，符合（或优于）Ⅲ类水质标准的断面比例从 55.2%上升到 69.6%；2006—2010 年，该比例呈现下降趋势，分别为 47.6%、50.0%、47.4%、37.5%、34.3%；而在 2011—2015 年蓄水后高水位运行期，除 2011 年该比例较 2010 年有所上升外，2012—2015 年，符合（或优于)Ⅲ类水质标准的断面比例进一步下降，分别为 30.0%、28.9%、25.8%和 27.3%。分析其原因，三峡水库香溪河、大宁河、梅溪河、长滩河、磨刀溪、汤溪河、小江、龙河 8 条支流均在蓄水淹没和回水范围内，随着蓄水水位的不断抬升，由于受干流回水顶托和淹没区的土壤浸出影响较大，水质有一定程度下降。

（2）典型因子含量变化比较

比较蓄水前和蓄水后初期运行期以及蓄水后高水位运行期库区的 8 条典型支流河口的 pH 值、溶解氧、高锰酸盐指数、氨氮和总磷等因子含量水平（表 5-14）：支流河口氨氮蓄水后浓度降低较大，pH 值和溶解氧初期运行期和高水位运行期较蓄水前依次有所上升，高锰酸盐指数含量蓄水前后变化不明显；总磷在蓄水前和蓄水后初期运行期基本稳定，而在蓄水后高水位运行期含量则有所上升，均值较蓄水前和蓄水后初期运行期上升了 40%。

表 5-14　不同历史蓄水期支流典型参数浓度特征统计　　　　单位：mg/L

时段		pH 值	溶解氧	高锰酸盐指数	氨氮	总磷
蓄水前		7.8 (7.1～9.3)	8.6 (7.3～9.6)	2.4 (1.4～5.2)	0.19 (<0.05～0.94)	0.10 (0.02～0.35)
蓄水后	初期运行期	8.2 (7.7～9.4)	9.7 (6.7～18.7)	2.2 (0.9～20.5)	0.09 (<0.05～0.47)	0.10 (<0.01～1.05)
	高水位运行期	8.2 (7.8～9.3)	10.7 (8.7～24.4)	2.2 (0.7～17.7)	0.09 (<0.05～0.81)	0.14 (<0.01～1.34)

蓄水前、蓄水后初期运行期和蓄水后高水位运行期 pH 值、溶解氧、高锰酸盐指数和氨氮含量基本符合（或优于）Ⅲ类水质标准，pH 值和高锰酸盐指数在蓄水后初期运行期和蓄水后高水位运行期偶有超标，超标率均在 4%以下。①pH 值在蓄水后较蓄水前有所上升，由蓄水前的 7.8 上升到蓄水后 8.2（图 5-93）。②溶解氧浓度在蓄水前整体均值为 8.6 mg/L，在蓄水后有所上升，初期运行期均值为 9.7 mg/L，高水位运行期均值浓度进一步上升为 10.7 mg/L（图 5-94）。③氨氮浓度在蓄水后整体较蓄水前有所下降，蓄水前整体浓度均值为 0.19 mg/L，而蓄水后的两个阶段浓度均值均下降为 0.09 mg/L，下降了 53%（图 5-95）。④高锰酸盐指数浓度蓄水前后基本保持稳定，整体均值分别为蓄水前 2.4 mg/L 和蓄水后 2.2 mg/L（图 5-96）。

总磷是影响水质评价的主要因子。蓄水后初期运行期（2004—2010 年）支流的总磷浓度基本保持稳定，均值变化范围为 0.07～0.17 mg/L，除 2010 年较 2003 年蓄水前上升了 0.07 mg/L 外，其他年度均在 0.10 mg/L 上下浮动，与蓄水前变化不大；而蓄水后高水位运行期（2011—2015 年）支流总磷浓度较前两个阶段有明显的上升趋势，阶段整体均值从 0.10 mg/L 上升到了 0.14 mg/L，增加了 40%（图 5-97）。

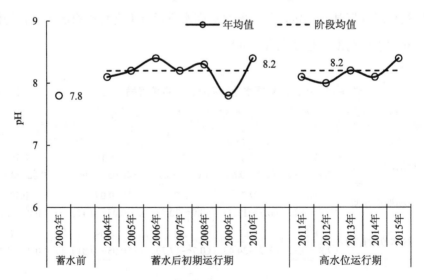

图 5-93　不同蓄水期典型支流 pH 值年际变化

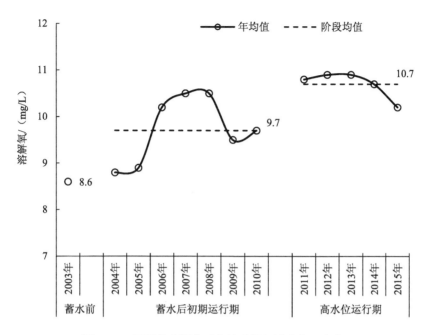

图 5-94 不同蓄水期典型支流溶解氧浓度年际变化

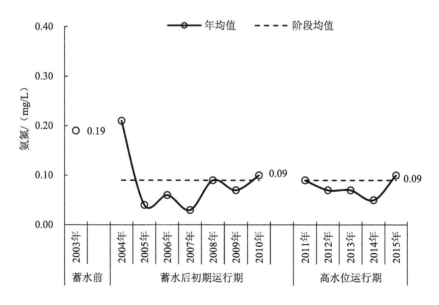

图 5-95 不同蓄水期典型支流氨氮浓度年际变化

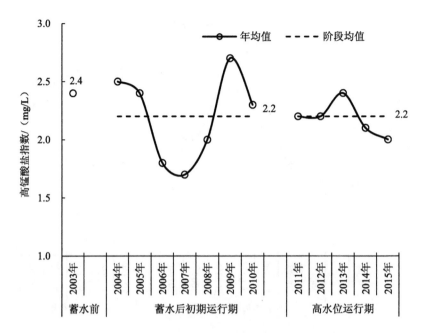

图 5-96 不同蓄水期典型支流高锰酸盐指数浓度年际变化

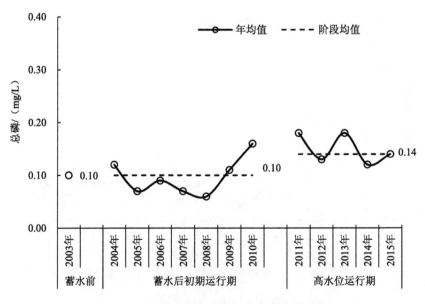

图 5-97 不同蓄水期典型支流总磷浓度年际变化

5.2.4　支流主要污染物分布特征分析

为系统比较三峡水库支流主要常规污染物分布特征，本节选取了资料较为齐整和较长时序数据的御临河、大宁河、小江和香溪河 4 条重点支流的支流口断面来开展季度水质评价工作，以分析三峡水库支流主要常规污染物在各断面以及各季度超标分布状况。共统计分析上述 4 条河流的河口断面，2004—2015 年 192 个评价次的各参数超标率（图 5-98～图 5-102），结果表明：

总磷为三峡水库支流口主要的超标因子，石油类偶有超标。4 条支流的河口断面均出现过总磷超标现象，御临河口断面和小江河口断面蓄水后初期运行期出现过石油类超标现象；各个季度均出现超标现象。

1）总磷为三峡水库支流口的主要超标因子，全年 4 条支流河口各时段均出现超标情况；石油类偶有超标，只在御临河口和小江河口有个别超标情况。

总磷超标率最高，为三峡水库支流口的主要污染物，超标率达 93.8%，在 4 条支流口均出现超标情况，且超标情况基本相当。石油类超标情况较少，超标率为 1.6%，仅御临河口和小江河口出现个别超标情况，御临河口断面石油类超标要略多于小江河口断面（图 5-98）。

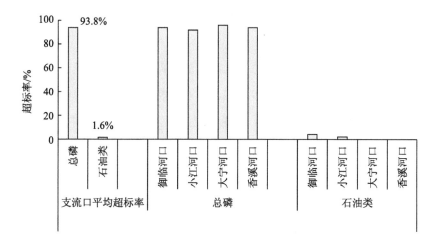

图 5-98　三峡水库支流口全时段季均值超标率

2）对蓄水后初期运行期（2004 年第一季度—2010 年第四季度）和蓄水后高水位运行期（2011 年第一季度—2015 年第四季度）两个时期的 4 条支流河口断面超标率的季度统计分析表明（图 5-99）：高水位运行期较蓄水后初期运行期支流超标率略有升高。

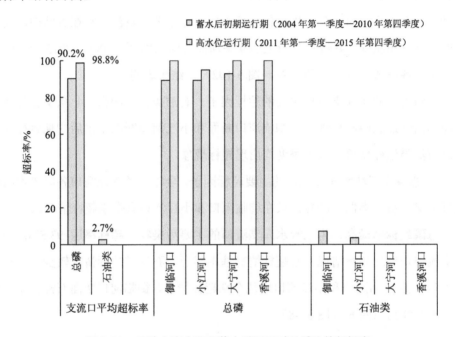

图 5-99　三峡水库支流口蓄水后不同时段季均值超标率

整体上来看，高水位运行期总磷比蓄水后初期运行期超标率略有增加，在高水位运行期，总磷超标率平均为 98.8%，蓄水后初期运行期，总磷超标率平均为 90.2%，随着三峡水库水位的提升，总磷在支流有上升趋势。石油类超标状况减轻明显，高水位运行期未出现石油类超标。总磷超标在蓄水后初期运行期和高水位运行期的 4 条支流河口断面均有出现，且高水位运行期总磷超标率均略有升高；而石油类超标仅出现在蓄水后初期运行期的御临河口断面和小江河口断面，高水位运行期支流河口均未超标。

3)对三峡水库蓄水后初期运行期和高水位运行期的 4 条支流河口断面按不同季度统计超标率,对比分析表明(图 5-100～图 5-102),三峡水库的 4 条支流河口断面超标时段在第一季度—第四季度均有分布,蓄水后初期运行期和高水位运行期总磷在每个季度均有超标现象,蓄水后初期运行期石油类在第二季度和第四季度出现超标。

总体来看,4 条支流河口各个季度超标率大体相当,高水位运行期第一季度—第四季度总磷超标率在 80%～100%,而蓄水后初期运行期第一季度—第四季度总磷超标率为 71.4%～100%。高水位运行期超标率整体上略高于蓄水后初期运行期,其中,第一季度和第三季度超标率较蓄水后初期运行期略有上升,而第二季度和第四季度相差不大。蓄水后初期运行期石油类超标率各支流口在 0～14.3%,高水位运行期支流口各季度石油类未超标。

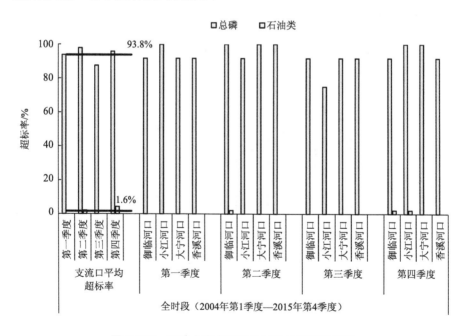

图 5-100　三峡水库支流口全时段分季度超标率

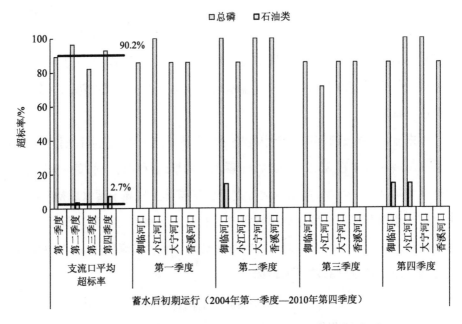

图 5-101　三峡水库支流口蓄水后初期运行期分季度超标率

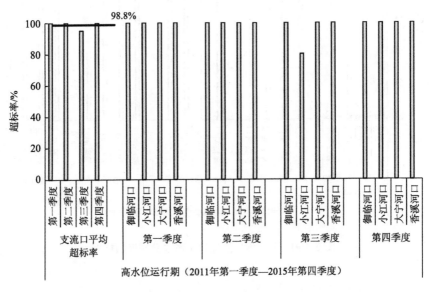

图 5-102　三峡水库支流口高水位运行期分季度总磷超标率

蓄水后初期运行期各季度总磷超标率排序为第二季度（96.4%）＞第四季度（92.9%）＞第一季度（89.3%）＞第三季度（82.1%）；高水位运行期各季度总磷超标率排序为第一季度（100%）＝第二季度（100%）＝第四季度（100%）＞第三季度（95%）。蓄水后初期运行期各季度石油类超标率排序为第四季度（7.1%）＞第二季度（3.6%）＞第一季度（0）＞第三季度（0）。因此，总体来看，支流河口第三季度超标率相对较低，超标情况较少。

5.2.5 小结

（1）支流水质现状分析

对 2011—2015 年每年 3—4 月定期开展的三峡库区 20 余条主要一级支流水环境监测成果的分析、评价表明：

1）2011—2015 年三峡水库支流水质均较差，以Ⅳ～劣Ⅴ类水质为主，每年监测的支流断面有 2/3 以上超标。调查监测的所有支流均存在断面超标的现象，但超标的程度不同，差异也较大，断面超标比例为 25%～100%。有的支流所有的调查监测断面甚至连续 5 年均为Ⅴ～劣Ⅴ类水质，如珍溪河和苎溪河，极少支流水质相对略好，连续 2～3 年 60% 以上的支流断面符合（或优于）Ⅲ类水质标准，如大溪河和青干河。2011—2015 年支流水质呈下降趋势，支流断面符合Ⅰ～Ⅲ类水质标准的比例由 2011 年的 33% 下降为 2012 年和 2013 年的 27% 以及 2014 年的 21% 和 2015 年的 16%。

2）2011—2015 年三峡水库支流出现的水质超标因子为总磷、化学需氧量、高锰酸盐指数、氨氮、pH 值、溶解氧和石油类，其中，石油类和溶解氧为偶发性不稳定超标污染物。总磷是三峡水库主要超标因子，2011—2015 年，总磷超标率均超过了 60%，其他因子超标率不超过 20%。三峡水库支流总体表现为以总磷营养盐、化学需氧量、高锰酸盐指数、氨氮等综合性耗氧有机物为代表的超标污染，支流不存在重金属污染和毒物酚污染。总磷是影响支流水质类别的决定性因子，对支流断面总体水质类别分析表明，总磷对水质类别超标的贡献率达 65% 以上。

但总磷的影响应辩证地来看待，由于占大多数样本的回水区和河口断面按更严格的湖库总磷标准评价（湖库和河流Ⅲ类评价限值分别为 0.05 mg/L 和 0.2 mg/L，湖库是河流Ⅲ类评价限值的 1/4），总磷浓度值不高的断面个别也存在超标情况，在一定程度上影响了支流水质类别比例的构成。统计表明，除苎溪河、吒溪河、香溪河、池溪河、珍溪河、壤渡河、汝溪河、朱衣河 8 条支流总磷 5 年均值高于 0.2 mg/L 外，其他支流总磷 5 年均值均低于河流总磷标准Ⅲ类限值（或湖库总磷标准Ⅴ类限值）0.2 mg/L。

（2）不同历史蓄水期支流水质特征分析

对三峡水库长期监测的 8 条典型支流（香溪、大宁河、梅溪河、长滩河、磨刀溪、汤溪河、小江和龙河）在 2003—2015 年，每年 3—4 月同期的水质监测结果进行对比分析表明：

1）蓄水前（2003 年）约九成的支流口水质符合（或优于）Ⅲ类水质标准，水质较好，仅香溪河水质类别为Ⅴ类。蓄水后初期运行期（2004—2010 年）支流水质总体较差，Ⅳ～劣Ⅴ类断面测次比例达 52.7%。三峡水库各支流间水质类别比例构成差异较大，龙河和大宁河水质相对较好，小江和香溪河水质相对较差。总磷是主要超标因子，pH 值和高锰酸盐指数偶有超标。蓄水后高水位运行期（2011—2015 年）支流水质总体较差，Ⅳ～劣Ⅴ类断面测次比例达 69.8%。三峡水库各支流间水质类别比例构成差异较大，龙河水质相对较好，梅溪河、香溪河、磨刀溪和小江水质相对较差。总磷是主要超标因子，pH 值和高锰酸盐指数偶有超标。

2）蓄水后支流水质类别总体变差，其中蓄水后高水位运行期（2011—2015 年）较蓄水后初期运行期（2004—2010 年）支流水质类别总体变差。蓄水前支流口水质类别以较好的Ⅱ～Ⅲ类为主，蓄水后初期运行期和蓄水后高水位运行期支流各监测断面水质类别以较差的Ⅳ～Ⅴ类为主；蓄水前符合（或优于）Ⅲ类的水质断面占 88.9%，蓄水后初期运行期和蓄水后高水位运行期符合（或优于）Ⅲ类的水质断面年度占比分别为 34.3%～69.6% 及 25.8%～37.8%，符合（或优于）Ⅲ类水质断面占比均值分别下降至 47.4% 和 30.2%。支流口同比显示蓄水后支流水质更差，蓄水后初期运行期和蓄水后高水位运行期支流口水质类别仍以较差的IV～V类为主，符合（或优于）III类的水质断面占比分别进一步下降为 21.7%和 2.6%。蓄水后支流水质短暂趋好之后呈现逐年下降趋势，蓄水后高水位运行期，除 2011 年符合（或优于）III类水的比例较 2010 年有所提高外，2012—2015 年，符合（或优于）III类水质标准的断面比例进一步下降。

3）支流河口氨氮蓄水后浓度降低较大，pH 值和溶解氧蓄水后初期运行期和高水位运行期较蓄水前，依次有所上升，高锰酸盐指数含量在蓄水前后变化不明显。总磷在蓄水前和蓄水后初期运行期基本稳定，蓄水后初期运行期（2004—2010年）支流口总磷浓度均值变化范围为 0.07～0.17 mg/L，除 2010 年较蓄水前 2003年上升了 0.07 mg/L 外，其他年度均在 0.10 mg/L 上下浮动，与蓄水前变化不大；而在蓄水后高水位运行期（2011—2015 年）含量则有所上升，阶段整体均值由之前的 0.10 mg/L 上升到了 0.14 mg/L，增加了 40%。

（3）支流主要污染物分布特征分析

对资料较为齐整和较长监测时段的御临河、大宁河、小江和香溪河 4 条重点支流的支流口断面开展季度水质评价工作，以分析三峡水库支流主要常规污染物在各支流河口主要污染物分布特征。共统计分析上述 4 个河口断面在 2004—2015 年192 个评价次的各因子超标率，结果表明：

1）总磷为三峡水库支流口主要超标因子，石油类偶有超标。4 条支流的河口断面均出现过总磷超标现象，御临河口断面和小江河口断面蓄水初期运行期出现过石油类超标现象；各个季度均出现超标现象。

2）高水位运行期较蓄水初期运行期支流超标率略有升高。支流口总磷超标率由蓄水初期运行期的 90.2%上升为高水位运行期的 98.8%；石油类由蓄水后初期运行期超标率 2.7%降低为高水位运行期的 0。总磷在高水位运行期比蓄水后初期运行期超标率略有增加，说明随着三峡水库水位的提升，总磷在三峡水库支流的超标状况有上升趋势；石油类超标状况则明显减轻，而在高水位运行期未出现石油类超标。

3）主要超标因子总磷在第一季度—第四季度均有超标，石油类超标集中在蓄水后初期运行期第二季度和第四季度。总体上看，4 条支流河口各个季度超标率大体相当，高水位运行期第一季度—第四季度总磷超标率为80%～100%，而蓄水后初期运行期第一季度—第四季度总磷超标率为71.4%～100%。高水位运行期支流超标率整体上看略高于蓄水后初期运行期，其中第一季度和第三季度超标率较蓄水后初期运行期略有上升，而第二季度和第四季度则相差不大。

第6章

三峡水库高水位运行期水生生物特征分析研究

三峡水库蓄水后，湖沼化演变的趋势逐步显现。体现在水生生态系统变化上，以浮游动植物为代表的水生生物在种群结构和数量上与蓄水前相比有较大的变化，干流和支流也存在着不同的分布特征。因此，关注三峡水库浮游生物，特别是浮游植物（浮游藻类）和浮游动物的变化十分必要，能够为评估、验证和预测三峡水库水生生态演化规律提供科学依据。本章重点研究了三峡水库浮游生物特征，分析了三峡水库高水位运行期干流和支流浮游植物（浮游藻类）和浮游动物种群、优势种类、数量分布及变化特征。

6.1　浮游植物分年度种群分布特征分析

6.1.1　干流浮游藻类分布状况分析

（1）2011 年干流藻类分布状况分析

2011 年，三峡水库干流共发现浮游藻类 6 门 104 种，其中，硅藻门 50 种、绿藻门 35 种、蓝藻门 12 种、裸藻门 4 种、甲藻门 2 种、隐藻门 1 种，种类组成见图 6-1。种类数量最多的为硅藻门和绿藻门，其次为蓝藻门，三者合占总种数的 93.3%，其他门类则相对较少。藻类常见种为硅藻门的变异直链藻、变异直链藻、奇异菱形藻、美丽星杆藻、尖针杆藻、克洛脆杆藻，绿藻门的单角盘星藻及其变种，双射盘星藻、具孔盘星藻点纹变种等。2011 年，三峡水库干流浮游藻类密度为 $4×10^3$～$6.4×10^5$ 个/L，平均为 $1.1×10^5$ 个/L。冬季最高，春季次之，夏、秋季较低。硅藻在 4 个季节均占有优势地位，其次是绿藻、隐藻在冬季、春季占有一定比重。整体上藻类密度官渡口断面最高，其次为沱口，寸滩和清溪场断面差别不大。三峡水库干流整体浮游藻类数量不高，但时空差异大，硅藻在 4 个季节均占有较大比重，是干流的优势种群。

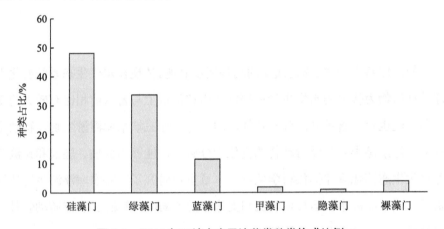

图 6-1　2011 年三峡水库干流藻类种类构成比例

（2）2012 年干流藻类分布状况分析

2012 年，三峡水库干流共发现浮游藻类 6 门 76 种，其中，硅藻门 41 种、绿藻门 20 种、蓝藻门 9 种、甲藻门 3 种、裸藻门 2 种、隐藻门 1 种，种类组成见图 6-2。种类数最多的为硅藻门和绿藻门，其次为蓝藻门，三者合占总种数的 92.1%，其他门类相对较少。藻类常见种为硅藻门的变异直链藻、奇异菱形藻、尖针杆藻、克洛脆杆藻、中型脆杆藻、双生双楔藻、草鞋形波缘藻、椭圆波缘藻、黄埔水链藻、美丽星杆藻、华彩双菱藻，绿藻门的单角盘星藻、具孔盘星藻，双射盘星藻、具孔盘星藻点纹变种，隐藻门的卵形隐藻等。2012 年，三峡水库干流浮游藻类密度为 $1.0×10^4$～$1.6×10^8$ 个/L，平均为 $4.0×10^6$ 个/L。春季最高，夏、秋、冬季较低。

硅藻在 4 个季节均占优势地位。整体上藻类密度沱口断面最高，寸滩河清溪场断面差别不大。三峡水库干流整体浮游藻类密度不高，但时空差异大，硅藻在 4 个季节均占较大比重，仍为干流的优势种群。

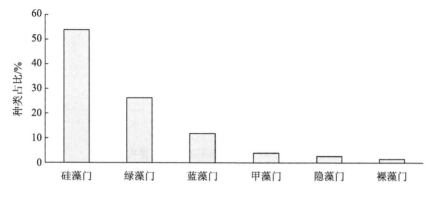

图 6-2　2012 年三峡水库干流藻类种类构成比例

（3）2013 年干流藻类分布状况分析

2013 年，三峡水库干流共发现浮游藻类 6 门 101 种，种类组成见图 6-3。其中，硅藻门 47 种、绿藻门 24 种、蓝藻门 18 种、甲藻门 6 种、裸藻门 2 种、隐藻门 4 种。种类数最多的为硅藻门和绿藻门，其次为蓝藻门，三者合占总种数的 88.1%，其他门类相对较少。藻类常见种类主要有硅藻门的直链藻、小环藻、等片藻、星杆藻、脆杆藻、针杆藻、舟形藻、桥弯藻、菱形藻、双菱藻，绿藻门的盘星藻、新月藻和栅藻，蓝藻门的颤藻和微囊藻以及甲藻门的多甲藻、角甲藻等。2013 年，三峡水库干流浮游藻类密度为 $4.0 \times 10^3 \sim 1.7 \times 10^5$ 个/L，平均为 4.9×10^4 个/L。冬季最高，春、夏、秋季较低，硅藻在 4 个季节均占优势地位。整体上浮游藻类密度沱口断面最高，其余断面差别不大。

（4）2014 年干流藻类分布状况分析

2014 年，三峡水库干流共发现浮游藻类 6 门 107 种，种类组成见图 6-4。其中硅藻门 48 种、绿藻门 40 种、蓝藻门 13 种、裸藻门 1 种、甲藻门 3 种、隐藻门 2 种。种类数最多的为硅藻门和绿藻门，其次为蓝藻门，三者合占总种数的 94.4%，

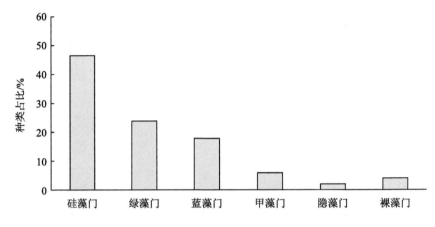

图 6-3 2013 年三峡水库干流藻类种类构成比例

其他门类相对较少。藻类常见种为硅藻门的变异直链藻、变异直链藻、奇异菱形藻、美丽星杆藻、尖针杆藻、克洛脆杆藻、膨胀桥弯藻，绿藻门的单角盘星藻及其变种，双射盘星藻、具孔盘星藻点纹变种，隐藻门的卵形隐藻等。2014 年，三峡水库干流浮游藻类密度为 $4\times10^3\sim1.5\times10^5$ 个/L，平均为 4.9×10^4 个/L。冬季最高，春季次之，夏、秋季较低。硅藻在 4 个季节均占有优势地位，其次是绿藻、隐藻，在冬、春季也占有一定比重。整体上三峡水库干流浮游藻类密度沱口断面最高，其次为清溪场和寸滩断面。

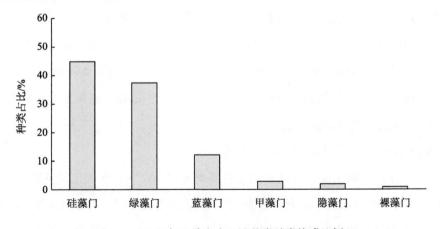

图 6-4 2014 年三峡水库干流藻类种类构成比例

6.1.2   支流浮游藻类分布状况分析

（1）2011 年支流藻类分布状况分析

2011 年，三峡水库支流共发现浮游藻类 6 门 94 种，种类组成见图 6-5。硅藻门种类最多，为 37 种，占总数的 39.4%，其次为绿藻门 34 种，占 36.2%，其他 4 门较少，合占 24.4%。藻类常见种有硅藻门的颗粒直链藻、变异直链藻、颗粒直链最窄变种、尖针杆藻等，绿藻门的单角盘星藻及其变种、空球藻等，蓝藻门的苍白微囊藻、博恩颤藻等，甲藻门的甲藻等。2011 年，三峡水库支流浮游藻类密度为 $10^3 \sim 10^8$ 个/L，平均为 4.7×10^6 个/L，硅藻为优势种群。春季硅藻、甲藻和隐藻占有较大比重，秋季硅藻占有较大比重，可见硅藻在整体上仍为优势种群。

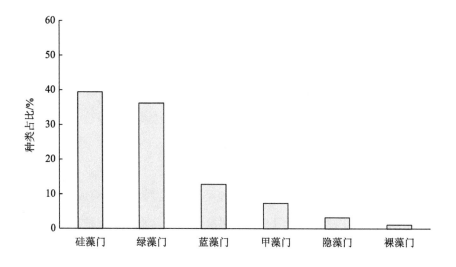

图 6-5   2011 年三峡水库支流藻类种类构成比例

（2）2012 年支流藻类分布状况分析

2012 年，三峡水库支流共发现浮游藻类 6 门 62 种，种类组成见图 6-6。硅藻门种类最多，为 31 种，占总数的 50.0%，其次为绿藻门 18 种，占 29.0%，其他 4 门较少，合占 21.0%。藻类常见种有硅藻门的颗粒直链藻、变异直链藻、颗粒直链最窄变种、美丽星杆藻、克洛脆杆藻、中型脆杆藻、肘状针杆藻、尖针杆藻、奇异菱形藻等，绿藻门的单角盘星藻及其变种、空球藻等，蓝藻门的多育颤藻、弱细颤藻等，甲藻门的甲藻等。2012 年，三峡水库支流浮游藻类密度为 $10^3 \sim 10^{10}$ 个/L，平均为 3.0×10^8 个/L，蓝藻为优势种群。

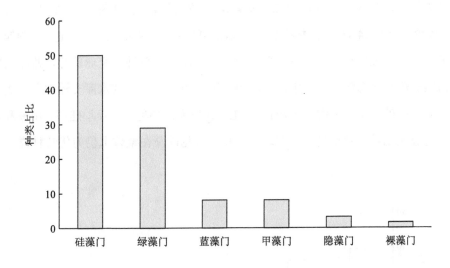

图 6-6 2012 年三峡水库支流藻类种类构成比例

（3）2013 年支流藻类分布状况分析

2013 年，三峡水库支流共发现浮游藻类 5 门 52 种，种类组成见图 6-7。硅藻门 27 种、绿藻门 10 种、蓝藻门 9 种、甲藻门 4 种、隐藻门 2 种。藻类常见种有蓝藻门的泥泞颤藻，绿藻门的水绵，硅藻门的变异直链藻、颗粒直链最窄变种、美丽星杆藻、克洛脆杆藻、肘状针杆藻、尖针杆藻、奇异菱形藻等。2013 年，三峡水库支流浮游藻类密度为 $6.0 \times 10^3 \sim 5.4 \times 10^8$ 个/L，平均为 2.9×10^7 个/L，其中硅藻为优势种群。

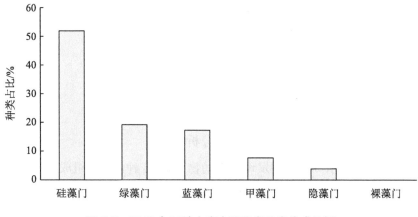

图 6-7　2013 年三峡水库支流藻类种类构成比例

（4）2014 年支流藻类分布状况分析

2014 年，三峡水库支流共发现浮游藻类 6 门 69 种，种类组成见图 6-8。常见种有硅藻门的颗粒直链藻、变异直链藻、颗粒直链最窄变种、尖针杆藻等，绿藻门的单角盘星藻及其变种、空球藻等，蓝藻门的苍白微囊藻、博恩颤藻等，甲藻门的甲藻等。2014 年，三峡水库支流浮游藻类密度为 $2.0 \times 10^3 \sim 6.6 \times 10^7$ 个/L，平均为 4.3×10^6 个/L，蓝藻为优势种群。

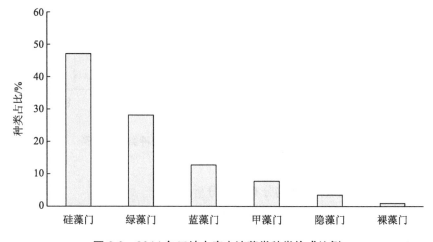

图 6-8　2014 年三峡水库支流藻类种类构成比例

6.2 浮游动物分年度种群分布特征分析

6.2.1 干流浮游动物分布状况分析

（1）2011年干流浮游动物分布状况分析

2011年，三峡水库干流共发现浮游动物4类86种，种类组成见图6-9。浮游动物种类最丰富的为轮虫，占总种数的46.5%，其他3类差别不大。浮游动物常见种类：原生动物有普通表壳虫、大口表壳虫、锥形似铃壳虫等；轮虫有螺形龟甲轮虫、曲腿龟甲轮虫、矩形龟甲轮虫、萼花臂尾轮虫、广布多肢轮虫等；枝角类有脆弱象鼻溞、僧帽溞以及尖额溞、盘肠溞等；桡足类以剑水蚤和哲水蚤幼体较为常见。浮游动物密度为0~28 003个/L，全年平均密度为1 129个/L，原生动物为优势种群。

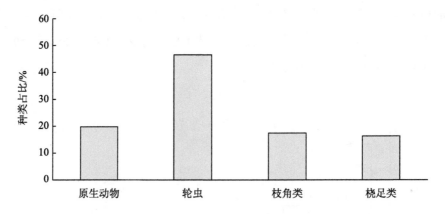

图6-9　2011年三峡水库干流浮游动物种类构成比例

（2）2012年干流浮游动物分布状况分析

2012年，三峡水库干流共发现浮游动物4类50种，种类组成见图6-10。浮游动物种类最丰富的为轮虫，占总种数的38.0%，其次为桡足类，占28.0%。浮游动物常见种类：原生动物有普通表壳虫、中华拟铃壳虫、尖顶砂壳虫等；轮虫有螺形龟甲轮虫、西氏晶囊轮虫、曲腿龟甲轮虫、萼花臂尾轮虫等；枝角类有脆弱象鼻溞、僧帽溞以及尖额溞、盘肠溞等；桡足类以剑水蚤和哲水蚤幼体较为常见。浮游动物密度为 0~6 000 个/L，平均为 968 个/L，原生动物为优势种群。

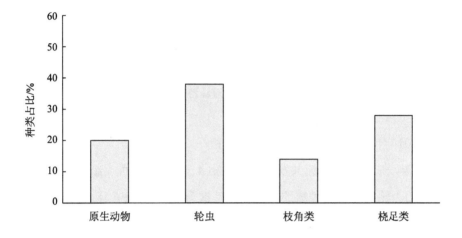

图 6-10　2012 年三峡水库干流浮游动物种类构成比例

（3）2013 年干流浮游动物分布状况分析

2013 年，三峡水库干流共发现浮游动物 4 类 41 种，种类组成见图 6-11。浮游动物种类最丰富的为轮虫和桡足类，各占总种数的 29.3%，其次为原生动物，占 22.0%。浮游动物常见种类：原生动物有普通表壳虫、瓶沙壳虫、中华拟铃壳虫、尖顶砂壳虫等；轮虫有异趾同尾轮虫、螺形龟甲轮虫、西氏晶囊轮虫、曲腿龟甲轮虫、萼花臂尾轮虫等；枝角类有脆弱象鼻溞、僧帽溞以及尖额溞、盘肠溞等；桡足类以剑水蚤和哲水蚤幼体较为常见。浮游动物密度为 0~6 000 个/L，平均为 611.8 个/L，原生动物为优势种群。

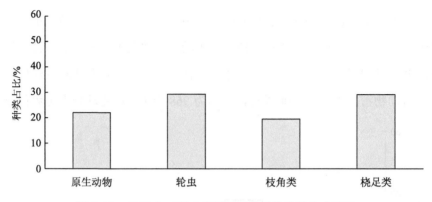

图 6-11 2013 年三峡水库干流浮游动物种类构成比例

（4）2014 年干流浮游动物分布状况分析

2014 年，三峡水库干流共发现浮游动物 4 类 90 种，种类组成见图 6-12。种类最丰富的为轮虫，占总种数的 50.0%，其次为枝角类，占 18.9%。浮游动物常见种类：原生动物有普通表壳虫、瓶沙壳虫、中华拟铃壳虫、尖顶砂壳虫等；轮虫有异趾同尾轮虫、螺形龟甲轮虫、西氏晶囊轮虫、曲腿龟甲轮虫、萼花臂尾轮虫等；枝角类有脆弱象鼻溞、僧帽溞以及尖额溞、盘肠溞等；桡足类以剑水蚤和哲水蚤幼体较为常见。浮游动物密度为 0.05～6000 个/L，平均为 611.8 个/L，原生动物为优势种群。

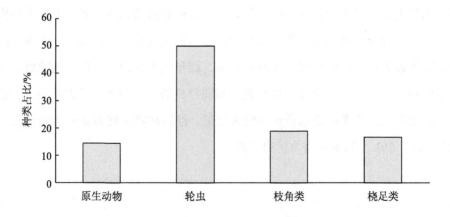

图 6-12 2014 年三峡水库干流浮游动物种类构成比例

6.2.2 支流浮游动物分布状况分析

（1）2011 年支流浮游动物分布状况分析

2011 年，三峡水库支流共发现浮游动物 4 类 81 种，种类组成见图 6-13。种类最丰富的为轮虫，占总种数的 51.9%，其次为枝角类，占 19.8%，原生动物占 16.0%，桡足类最少，为 12.3%。浮游动物常见种类：原生动物有普通表壳虫、盘状匣壳虫、坛状曲颈虫等；轮虫有角突臂尾轮虫、萼花臂尾轮虫、蒲达臂尾轮虫、曲腿龟甲轮虫、矩形龟甲轮虫、螺形龟甲轮虫、西氏晶囊轮虫等；枝角类有脆弱象鼻溞、长额象鼻溞及僧帽溞等；桡足类有大量哲水蚤及剑水蚤幼体。支流浮游动物密度为 0～96 003 个/L，平均为 5 342 个/L，原生动物为优势种群。

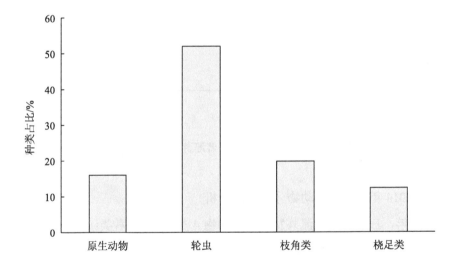

图 6-13 2011 年三峡水库干流浮游动物种类构成比例

（2）2012 年支流浮游动物分布状况分析

2012 年，三峡水库支流共发现浮游动物 4 类 58 种，种类组成见图 6-14。种类最丰富的为轮虫，占总种数的 48.3%,其次为枝角类,占 25.9%,桡足类占 13.8%，原生动物最少，为 12.1%。浮游动物常见种类：原生动物有坛状曲颈虫等；轮虫有盘状鞍甲轮虫、唇形叶轮虫、矩形龟甲轮虫、螺形龟甲轮虫、角突臂尾轮虫、萼花臂尾轮虫、西氏晶囊轮虫、长肢三肢轮虫、长肢多肢轮虫等；枝角类有脆弱象鼻溞、长额象鼻溞、僧帽溞等；桡足类有哲水蚤无节幼体、剑水蚤无节幼体、剑水蚤桡足幼体等。支流浮游动物密度为 0～213 001 个/L，平均为 2 141 个/L，原生动物为优势种群。

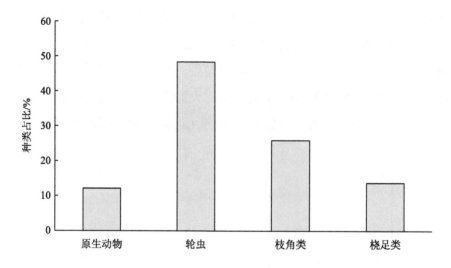

图6-14　2012年三峡水库干流浮游动物种类构成比例

（3）2014年支流浮游动物分布状况分析

2014 年，三峡水库支流共发现浮游动物 4 类 69 种，种类组成见图 6-15。浮游动物常见种类：原生动物有普通表壳虫、坛状曲颈虫等；轮虫有曲腿龟甲轮虫、矩形龟甲轮虫、螺形龟甲轮虫、角突臂尾轮虫、萼花臂尾轮虫、西氏晶囊轮虫、长肢三肢轮虫、长肢多肢轮虫等；枝角类有脆弱象鼻溞、长额象鼻溞、僧帽溞等；桡足类有哲水蚤无节幼体、剑水蚤无节幼体、剑水蚤桡足幼体等。支流浮游动物密度为 0～22 918.5 个/L，平均为 3 497.7 个/L，原生动物为优势种群。

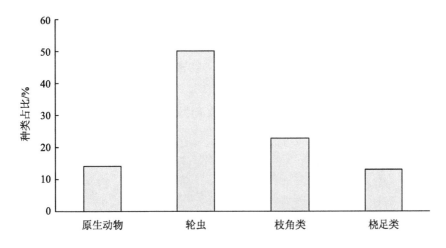

图 6-15　2014 年三峡水库干流浮游动物种类构成比例

6.3　小结

三峡水库干支流浮游植物和浮游动物高水位运行期特征见表 6-1，具体特点如下：

1）三峡水库干流浮游植物调查发现硅藻、绿藻、蓝藻、甲藻、隐藻、裸藻 6 门，共计百余种，以硅藻、绿藻、蓝藻为主，各年平均藻类密度为 $4.9 \times 10^4 \sim 4.0 \times 10^6$ 个/L。支流调查发现硅藻、绿藻、蓝藻、甲藻、隐藻、裸藻 6 门，共计几十种，以硅藻、绿藻为主，各年平均藻类密度为 $4.3 \times 10^6 \sim 3.0 \times 10^8$ 个/L。干流浮游藻类种类要略多于支流，但支流藻类数量明显高于干流 100 余倍。干流浮游藻类生物多样性较支流丰富，但干流流速相对较大，藻类数量较低；支流水流相对平缓，藻类密度一般较大，因此，具备短时过量生长形成水华的条件。

2）三峡水库干流浮游动物调查发现轮虫、原生动物、枝角类、桡足类 4 门，共计几十种，以轮虫、原生动物为主，各年平均浮游动物密度在 612～1 129 个/L。支流调查发现轮虫、原生动物、枝角类、桡足类 4 门，共计几十种，以轮虫、原生动物为主，各年平均浮游动物密度在 2 141～5 342 个/L。干流浮游动物种类与支流相当，但支流浮游动物数量明显高于干流 2～5 倍。干流流速相对较大，浮游动物数量较低；支流水流相对平缓，浮游动物密度相对较大。

表 6-1　三峡水库干支流浮游生物特征

	浮游植物					
	干流			支流		
年份	种类组成	主要类型	生物量/（个/L）	种类组成	主要类型	生物量/（个/L）
2011	6 门 104 种	硅藻、绿藻、蓝藻	$4×10^3～6.4×10^5$，平均 $1.1×10^5$	6 门 94 种	硅藻、绿藻	$10^3～10^8$，平均 $4.7×10^6$
2012	6 门 76 种	硅藻、绿藻、蓝藻	$1.0×10^4～1.6×10^8$，平均 $4.0×10^6$	6 门 62 种	硅藻、绿藻	$10^3～10^{10}$，平均 $3.0×10^8$
2013	6 门 101 种	硅藻、绿藻、蓝藻	$4.0×10^3～1.7×10^5$，平均 $4.9×10^4$	5 门 52 种	硅藻、绿藻、蓝藻	$6.0×10^3～5.4×10^8$，平均 $2.9×10^7$
2014	6 门 107 种	硅藻、绿藻、蓝藻	$4×10^3～1.5×10^5$，平均 $4.9×10^4$	6 门 69 种	硅藻、绿藻	$2.0×10^3～6.6×10^7$，平均 $4.3×10^6$

	浮游动物					
	干流			支流		
年份	种类组成	主要类型	生物量/（个/L）	种类组成	主要类型	生物量/（个/L）
2011	4 类 86 种	轮虫、原生动物	0～28 003，平均 1 129	4 类 81 种	轮虫、原生动物	0～96 003，平均 5 342
2012	4 类 50 种	轮虫、原生动物	0～6 000，平均 968	4 类 58 种	轮虫、原生动物	0～213 001，平均 2 141
2013	4 类 41 种	轮虫、桡足类、原生动物	0～6 000，平均 612	—	—	—
2014	4 类 90 种	轮虫、枝角类、原生动物	0～6 000，平均 612	4 类 69 种	轮虫、原生动物	0～22 919，平均 3 498

第 7 章

三峡水库高水位运行期支流富营养化及
水华特征分析研究

三峡水库蓄水后，支流水生态环境状况总体上有所下降。比较突出的问题之一体现在支流富营养化普遍加重，个别支流回水区段在适宜的气象水文条件下，经常性地发生水华，给三峡水库支流水生态环境带来了一定的影响。因此，三峡水库支流的富营养化监测评估及水华动态观测等一系列常规性、研究性和管理性工作一直是重点，受到政府部门、研究机构、相关企业和社会公众的持续关注。本章研究了三峡水库支流富营养化变化及藻华暴发特性，重点分析了三峡水库高水位运行期支流富营养化状况和演变特征，梳理了典型支流藻类水华发生的特点和变化特征，初步总结分析了三峡水库支流水华发生时的富营养化状况和氮、磷营养盐限制性影响因素。

7.1 支流分年度富营养化状况特征分析

7.1.1 支流富营养化状况评析

2011—2015 年对三峡水库支流开展的富营养化监测结果表明（图 7-1）：

1）三峡水库支流普遍为中营养和富营养等级，其中，春季以轻度富营养化为主，其次为中度富营养化，还出现个别重度富营养化情况，如 2011 年的叱溪河、2012 年的珍溪河和 2014 年的池溪河，均在春季达到重度富营养化。秋季以中营养和轻度富营养化为主，个别支流出现中度富营养化，如 2013 年的竺溪河、2014 年的珍溪河和竺溪河，均在秋季达到中度富营养化，秋季未出现重度富营养化支流。

2）春季三峡水库支流富营养化维持在较高水平，2011—2015 年三峡水库支流富营养化的断面每年的占比为 32.1%～58.6%，平均占比为 44.0%。2013 年，富营养化支流断面占比最高，达 58.6%，但未出现重度富营养化支流。

3）秋季三峡水库支流富营养化变化较大，2011—2015 年三峡水库支流秋季富营养化的断面每年的占比为 0～58.9%，平均占比为 27.9%。2012 年秋季未出现富营养化支流，但 2014 年秋季富营养化支流占比达到最高的 58.9%。

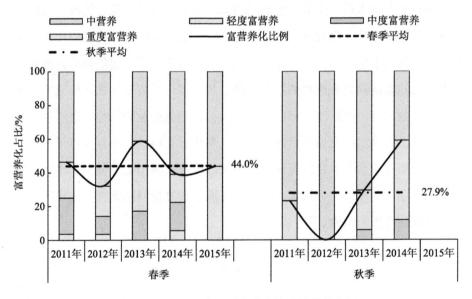

图 7-1　2011—2015 年三峡水库支流富营养化比例

三峡水库支流各年度富营养化情况见表 7-1 和图 7-2～图 7-10，具体分析如下：

1）2011 年春季，调查的 28 条支流中，15 条处于中营养状态，占 53.6%；6 条处于轻度富营养化状态，占 21.4%；6 条处于中度富营养化状态，占 21.4%，1 条处于重度富营养化状态，占 3.6%（图 7-2）。秋季调查的 26 条支流中，20 条处于中营养状态，占 76.9%；6 条处于轻度富营养化状态，占 23.1%（图 7-3）。

2）2012 年春季，调查的 28 条支流中，19 条处于中营养状态，占 67.9%；5 条处于轻度富营养化状态，占 17.9%；3 条处于中度富营养化状态，占 10.7%；1 条处于重度富营养化状态，占 3.5%（图 7-4）。秋季调查的 26 条支流全部处于中营养状态（图 7-5）。

3）2013 年春季，调查的 29 条支流中，12 条处于中营养状态，约占总数的 41.4%；12 条处于轻度富营养化状态，占 41.4%；5 条处于中度富营养化状态，占 17.2%（图 7-6）。秋季调查的 17 条支流中，12 条处于中营养状态，占 70.6%；4 条处于轻度富营养化状态，占 23.5%；1 条处于中度富营养化状态，占 5.9%（图 7-7）。

4）2014 年春季，调查的 18 条支流中，11 条处于中营养状态，占 61.1%；3 条处于轻度富营养化状态，占 16.7%；3 条处于中度富营养状态，占 16.7%；1 条处于重度富营养化状态，占 5.6%（图 7-8）。秋季调查的 17 条支流中，7 条处于中营养状态，占 41.2%；8 条处于轻度富营养化状态，占 47.1%；2 条处于中度富营养化状态，占 11.8%（图 7-9）。

5）2015 年春季，调查的 16 条支流中，9 条处于中营养状态，占 56.3%；7 条处于轻度富营养化状态，占 43.7%（图 7-10）。

表 7-1　2011—2015 年三峡水库支流富营养化情况

年份	季节	轻度富营养	中度富营养	重度富营养
2011	春季	龙溪河、东溪河、磨刀溪、长滩河、草塘河	珍溪河、渠溪河、黄金河、汝溪河、苎溪河、童庄河	叱溪河
	秋季	珍溪河、渠溪河、池溪河、东溪河、苎溪河、叱溪河	无	无
2012	春季	御临河、龙溪河、东溪河、黄金河、汝溪河	池溪河、壤渡河、苎溪河	珍溪河
	秋季	无	无	无

年份	季节	轻度富营养	中度富营养	重度富营养
2013	春季	御临河、黎香溪、渠溪河、池溪河、东溪河、壤渡河、小江、梅溪河、草塘河、抱龙河、神农溪、香溪河	珍溪河、黄金河、汝溪河、苎溪河、叱溪河	无
	秋季	梅溪河、汝溪河、池溪河、珍溪河	苎溪河	无
2014	春季	青干河、汝溪河、朱衣河	神农溪、苎溪河、东溪河	池溪河
	秋季	御临河、池溪河、东溪河、汝溪河、小江、磨刀溪、梅溪河、青干河	珍溪河、苎溪河	无
2015	春季	御临河、珍溪河、池溪河、汝溪河、苎溪河、梅溪河、青干河	无	无
2011—2015	春季	龙溪河、东溪河、磨刀溪、长滩河、草塘河、御临河、龙溪河、黄金河、汝溪河、黎香溪、渠溪河、池溪河、壤渡河、小江、梅溪河、抱龙河、神农溪、香溪河、青干河、朱衣河、珍溪河、苎溪河	珍溪河、渠溪河、黄金河、汝溪河、苎溪河、童庄河、池溪河、壤渡河、叱溪河、神农溪、东溪河	叱溪河、珍溪河、池溪河
	秋季	珍溪河、渠溪河、池溪河、东溪河、苎溪河、叱溪河、梅溪河、汝溪河、御临河、小江、磨刀溪、青干河	苎溪河、珍溪河	无
	春秋两季	珍溪河、渠溪河、池溪河、东溪河、苎溪河、叱溪河、梅溪河、汝溪河、御临河、小江、磨刀溪、青干河	苎溪河、珍溪河	叱溪河、珍溪河、池溪河

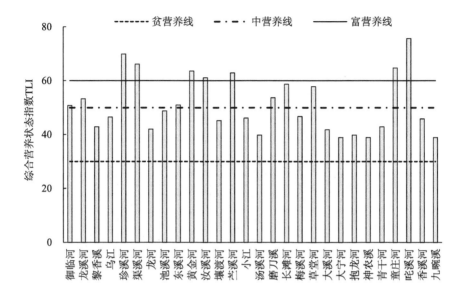

图 7-2　2011 年春季三峡水库支流富营养化状态

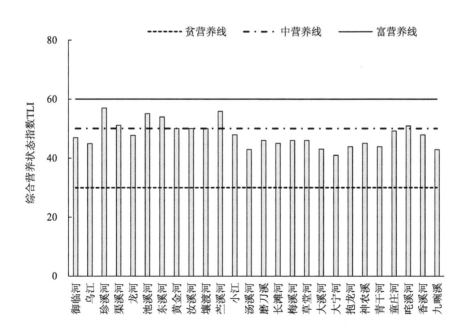

图 7-3　2011 年秋季三峡水库支流富营养化状态

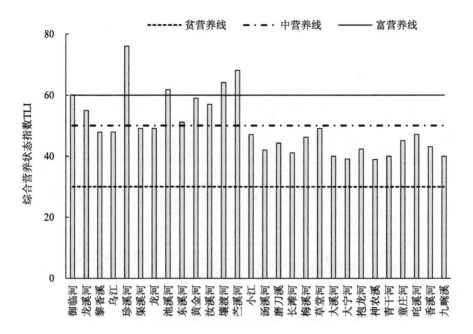

图 7-4　2012 年春季三峡水库支流富营养化状态

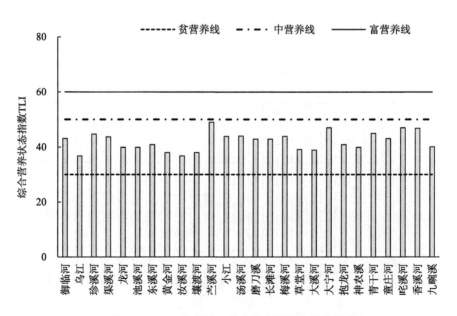

图 7-5　2012 年秋季三峡水库支流富营养化状态

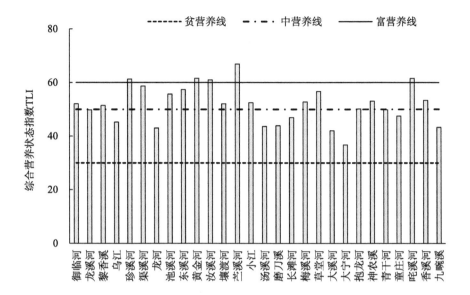

图 7-6 2013 年春季三峡水库支流富营养化状态

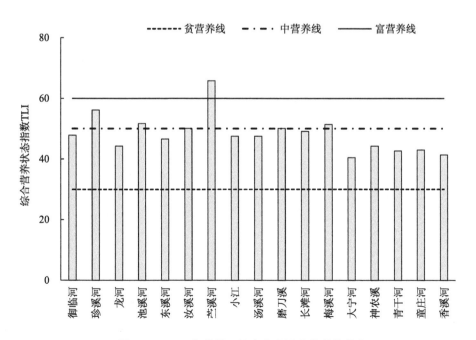

图 7-7 2013 年秋季三峡水库支流富营养化状态

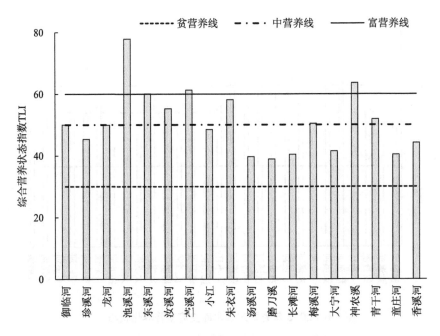

图 7-8　2014 年春季三峡水库支流富营养化状态

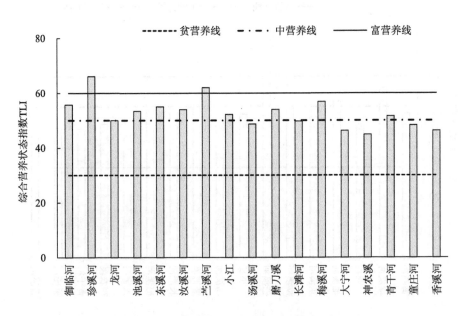

图 7-9　2014 年秋季三峡水库支流富营养化状态

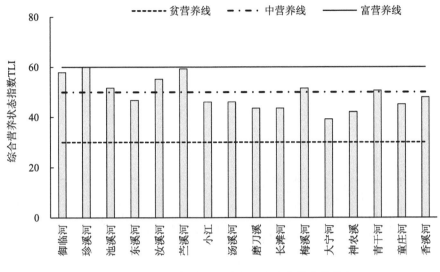

图 7-10　2015 年春季三峡水库支流富营养化状态

7.1.2　支流富营养化状况比较

选取具有代表性的 16 条支流（童庄河、香溪河、青干河、神农溪、大宁河、梅溪河、长滩河、磨刀溪、汤溪河、小江、苎溪河、汝溪河、东溪河、池溪河、珍溪河和御临河）比较其 2011—2015 年的富营养化水平，由图 7-11 和图 7-12 可知：

1）三峡水库支流富营养化从季节角度来看，整体表现为春季高于秋季。春季支流富营养化状态所占比例分别为 2011 年的 50.0%、2012 年的 37.5%、2013 年的 62.5%、2014 年的 37.5% 和 2015 年的 43.8%；秋季富营养化状态所占比例分别为 2011 年的 25.0%、2012 年的 0、2013 年的 25.0%、2014 年的 62.5%。

2）三峡水库支流富营养化从空间分布角度来看，整体表现为位于三峡水库的上游支流偏高，苎溪河、汝溪河、东溪河、池溪河、珍溪河和御临河 6 条支流的营养状态水平总体上以富营养化等级为主，而其他 10 条支流的营养状态水平总体上以中营养等级为主。

3）三峡水库支流富营养化从年际变化角度来看，整体表现为处于富营养化水平的支流逐渐增多，春秋两季出现富营养化的支流从 2011 年的 12 条增加到 2014 年的 16 条。

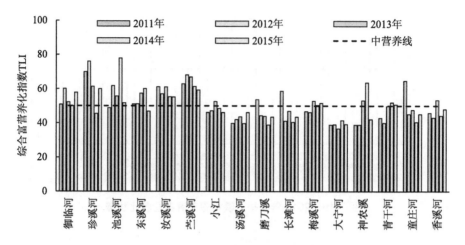

图 7-11   三峡水库支流春季富营养状况比较

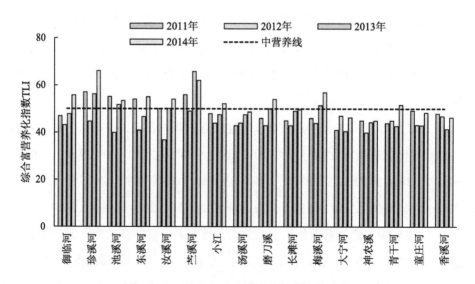

图 7-12   三峡水库支流秋季富营养状况比较

4）富营养化是指湖泊、水库、河口等缓流水体中氮、磷等营养物质的含量超过一定的界限，在光照和水温又比较合适的条件下，引起藻类以及其他水生物异常繁殖，水体的透明度和溶解氧变化，造成水质下降的现象。发生富营养化后，水体生态系统和水功能受到阻碍和破坏，严重的甚至会发生"水华"，影响水资源利用。目前，对于湖泊富营养化的评价有多种方法和判断标准。一般综合湖泊水体中总氮、总磷、叶绿素 a 浓度和化学需氧量等水质指标来评判。通常认为当湖泊中总氮含量达到 0.2 mg/L，总磷含量达到 0.02 mg/L，水体就易产生富营养化。据调查监测，三峡水库支流水体中总磷、总氮营养盐整体上已超过了此氮磷富营养化的发生含量，不构成藻类营养盐生长限制因子。研究表明，低氮磷比值有利于蓝绿藻生长，特别是固氮蓝藻的生长与暴发。根据 Smith VAL H.等（1983）提出的"N/P 比假说"理论，当 TN 与 TP 的含量比值低于 29 时，有利于蓝绿藻水华出现。由图 7-13 和图 7-14 可知，三峡水库大部分支流水体的 TN/TP 值低于 29，说明支流存在一定的蓝绿藻水华发生风险，且水体中磷含量的增长速度高于氮含量的增长，这些都将进一步促进三峡水库支流水体富营养化的发展。

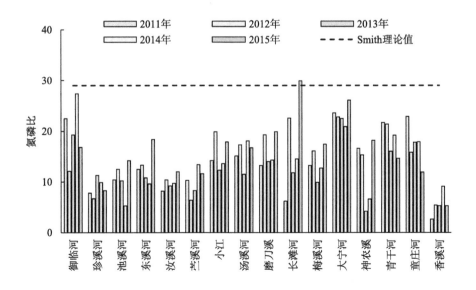

图 7-13　春季三峡库区支流 TN/TP 值

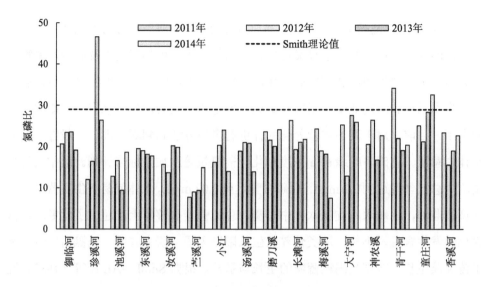

图 7-14 秋季三峡库区支流 TN/TP 值

7.2 支流水华发生特征分析

蓄水后，支流水华时有发生（表 7-2）。据调查统计，2011—2015 年三峡水库支流发生大范围水华现象的次数分别为 2011 年 18 起、2012 年 31 起、2013 年 29 起、2014 年 14 起、2015 年（春季）7 起。发生水华的河流占监测河流的比例分别为 2011 年 33.3%、2012 年 57.4%、2013 年 63.0%、2014 年 40.0%、2015 年 43.8%。

三峡水库支流水华发生的时段呈现明显的季节性变化，春季为水华高发期，秋季偶有发生。水华发生区域多出现在库区支流回水段和河口及库湾地区。春季以硅藻、甲藻水华为主。水华发生期间藻类密度＞10^7 个/L，水色依据水华发生时优势藻种的不同而变化，多呈浅黄绿色、黄绿色、红褐色、酱油色等。

表 7-2 支流水华发生事件统计

时间	发生次数/起	发生水华支流占比/%	发生水华河流
2011 年 （春秋两季）	18	33.3	童庄河、叱溪河、草堂河、梅溪河、长滩河、磨刀溪、小江、汝溪河、黄金河、东溪河、渠溪河、珍溪河、香溪河、龙河
2012 年 （春秋两季）	31	57.4	香溪河、童庄河、叱溪河、青干河、神农溪、抱龙河、大宁河、草塘河、梅溪河、小江、苎溪河、壤渡河、汝溪河、黄金河、东溪河、龙河、渠溪河、珍溪河、黎香溪、龙溪河、御临河
2013 年 （春秋两季）	29	63.0	梅溪河、长滩河、磨刀溪、汤溪河、苎溪河、汝溪河、东溪河、珍溪河、草堂河、池溪河、黄金河、香溪河、童庄河、叱溪河、青干河、渠溪河、小江、神农溪、黎香溪、御临河、抱龙河
2014 年 （春秋两季）	14	40.0	香溪河、青干河、神农溪、大宁河、梅溪河、磨刀溪、小江、苎溪河、汝溪河、龙河、东溪河、池溪河
2015 年 （春季）	7	43.8	童庄河、神农溪、大宁河、梅溪河、小江、汝溪河、珍溪河

7.3 小结

1）2011—2015 年，三峡水库支流普遍处于中度富营养化和富营养化，其中，春季以轻度富营养化为主，其次为中度富营养化，还出现了个别的重度富营养化情况；秋季以中营养和轻度富营养为主，个别支流出现了中度富营养化，未出现重度富营养化支流。

2）2011—2015 年，三峡水库支流的营养状态水平整体表现为春季高于秋季。春季，三峡水库支流富营养化维持在较高水平，支流富营养化断面平均占比为44.0%；秋季，三峡水库支流富营养化差异较大，支流富营养化断面平均占比为27.9%。

3）2011—2015 年，三峡水库大部分支流水体的 TN/TP 值低于 29，按照 Smith VAL H.“N/P 比假说”理论，支流适宜蓝绿藻生长，这对支流水华发生起到一定的促进作用。

4）据 2011—2015 年调查统计，三峡水库支流发生大范围水华现象的次数分别为 2011 年 18 起、2012 年 31 起、2013 年 29 起、2014 年 14 起、2015 年（春季）7 起，水华发生呈现明显的季节变化，春季为水华高发期，秋季偶有发生。

第 8 章
三峡水库高水位运行期有机污染物及藻毒素含量特征分析

在三峡水库蓄水前后，针对三峡水库常规水质指标的监测、评价和研究工作较为普遍，而对三峡水库水中的有机污染物和藻毒素监测和研究的工作则相对薄弱。一般地表水中的有机物含量虽然较低，但仍有不少进入环境中的微量有机物具有致畸、致癌、致突变的效应，以及生物富集性和环境持久性等对环境健康存在危害特性。三峡水库有机物，特别是污染类微量有机物含量水平和分布状况值得全面调查和及时评估。同时部分支流藻类水华频发，支流的藻毒素含量水平也是迫切需要解决的问题。本章通过调查监测和分析，研究了三峡水库高水位运行期干支流有机农药、微量有机物以及支流藻毒素的含量和分布特征。

8.1 有机农药含量分析

2012 年 3 月和 2013 年 3 月共开展了两次三峡水库干支流水中有机磷和有机氯农药含量的调查监测，干流监测断面 5 个，分别为寸滩、清溪场、沱口、官渡口、太平溪；支流监测 29 条。共采集干流样品 7 个，支流样品 94 个（表 8-1 和表 8-2）。

结果分析表明，三峡水库干支流水中均未检出有机磷和有机氯农药。各农药组分的方法检出限远低于《地表水环境质量标准》（GB 3838—2002）对各类有机磷和有机氯农药组分的限值要求（表 8-3）。

表 8-1　三峡水库干流有机农药调查监测结果

序号	干流断面	断面数/个	有机氯农药/（mg/L）	有机磷农药/（mg/L）
1	寸滩	2	<DL	<DL
2	清溪场	1	<DL	<DL
3	沱口	2	<DL	<DL
4	官渡口	1	<DL	<DL
5	太平溪	1	<DL	<DL

注：DL 表示检出限，下同。

表 8-2　三峡水库支流有机农药调查监测结果

支流	断面数/个	有机氯农药/（mg/L）	有机磷农药/（mg/L）
御临河	3	<DL	<DL
龙溪河	2	<DL	<DL
黎香溪	3	<DL	<DL
乌江	2	<DL	<DL
珍溪河	2	<DL	<DL
渠溪河	3	<DL	<DL
龙河	4	<DL	<DL
池溪河	3	<DL	<DL
东溪河	3	<DL	<DL
黄金河	2	<DL	<DL
汝溪河	3	<DL	<DL
壤渡河	3	<DL	<DL
苎溪河	4	<DL	<DL
小江	4	<DL	<DL
汤溪河	4	<DL	<DL
磨刀溪	4	<DL	<DL
长滩河	3	<DL	<DL
梅溪河	4	<DL	<DL

支流	断面数/个	有机氯农药/（mg/L）	有机磷农药/（mg/L）
草塘河	2	<DL	<DL
大溪河	4	<DL	<DL
大宁河	4	<DL	<DL
抱龙河	2	<DL	<DL
神农溪	7	<DL	<DL
神女溪	3	<DL	<DL
青干河	3	<DL	<DL
童庄河	4	<DL	<DL
咤溪河	3	<DL	<DL
香溪河	5	<DL	<DL
九畹溪	1	<DL	<DL

表 8-3　有机农药检出限及含量限值

农药类型	序号	农药组分	检出限 DL/（mg/L）	《地表水环境质量标准》（GB 3838—2002）限值/（mg/L）
有机磷农药	1	敌敌畏	1.0×10^{-4}	0.05
	2	乐果	1.0×10^{-4}	0.08
	3	甲基对硫磷	1.0×10^{-4}	0.002
	4	马拉硫磷	1.0×10^{-4}	0.05
	5	对硫磷	1.0×10^{-4}	0.003
有机氯农药	6	α-六六六	1.0×10^{-6}	0.05
	7	β-六六六	1.3×10^{-6}	0.05
	8	γ-六六六	0.6×10^{-6}	0.05
	9	δ-六六六	4.9×10^{-6}	0.05
	10	p,p'-DDE	1.0×10^{-6}	0.001
	11	p,p'-DDD	3.5×10^{-6}	0.001
	12	o,p'-DDT	2.8×10^{-6}	0.001
	13	p,p'-DDT	2.0×10^{-6}	0.001

8.2 微量有机物含量分析

2013 年 9 月开展了 1 次三峡水库干支流水中多环芳烃和多氯联苯微量有机物含量调查监测工作，干流监测断面为官渡口，支流监测河流为香溪河、梅溪河、小江、龙河。采集干流样品 1 个、支流样品 10 个（表 8-4 和 8-5）。

分析结果表明，三峡水库干支流水中均未检出多环芳烃和多氯联苯；支流中仅梅溪河检出 1 次多环芳烃萘（0.2 μg/L），小江检出 2 次多环芳烃萘（0.19 μg/L 和 0.17 μg/L），但均低于《生活饮用水卫生标准》（GB 5749—2006）对多环芳烃总量 2 μg/L 的限值要求；其他支流多环芳烃和所有支流多氯联苯均未检出，且方法的检出限远低于《生活饮用水卫生标准》（GB 5749—2006）对各类多环芳烃和多氯联苯限值要求（表 8-6）。

表 8-4　三峡水库多环芳烃调查监测结果　　　　　　单位：μg/L

河流	断面	萘	苊	二氢苊	芴	菲	蒽	荧蒽	芘	苯并[a]蒽	䓛	苯并[b]荧蒽	茚并[1,2,3-cd]芘	二苯并[a,h]蒽
长江干流	官渡口	<DL	<DL	<DL	<DL	<DL	<DL	<DL	<DL	<DL	<DL	<DL	<DL	<DL
香溪河	香溪河Ⅳ	<DL	<DL	<DL	<DL	<DL	<DL	<DL	<DL	<DL	<DL	<DL	<DL	<DL
	香溪河Ⅲ	<DL	<DL	<DL	<DL	<DL	<DL	<DL	<DL	<DL	<DL	<DL	<DL	<DL
梅溪河	梅溪河Ⅱ	<DL	<DL	<DL	<DL	<DL	<DL	<DL	<DL	<DL	<DL	<DL	<DL	<DL
	梅溪河Ⅲ	<DL	<DL	<DL	<DL	<DL	<DL	<DL	<DL	<DL	<DL	<DL	<DL	<DL
	梅溪河Ⅳ	0.20	<DL	<DL	<DL	<DL	<DL	<DL	<DL	<DL	<DL	<DL	<DL	<DL

河流	断面	萘	苊	二氢苊	芴	菲	蒽	荧蒽	芘	苯并[a]蒽	䓛	苯并[b]荧蒽	茚并[1,2,3-cd]芘	二苯并[a,h]蒽
小江	小江V	<DL	<DL	<DL	<DL	<DL	<DL	<DL	<DL	<DL	<DL	<DL	<DL	<DL
	小江IV	0.19	<DL	<DL	<DL	<DL	<DL	<DL	<DL	<DL	<DL	<DL	<DL	<DL
	小江III	0.17	<DL	<DL	<DL	<DL	<DL	<DL	<DL	<DL	<DL	<DL	<DL	<DL
	小江II	<DL	<DL	<DL	<DL	<DL	<DL	<DL	<DL	<DL	<DL	<DL	<DL	<DL
龙河	龙河II	<DL	<DL	<DL	<DL	<DL	<DL	<DL	<DL	<DL	<DL	<DL	<DL	<DL

表 8-5　三峡水库多氯联苯调查监测结果　　　　　　　　单位：μg/L

河流	断面	2-一氯联苯	3,3-二氯联苯	2,4,5-三氯联苯	2,2,4,4-四氯联苯	2,3,4,5,6-五氯联苯	2,2,3,3,6,6-六氯联苯	2,2,3,4,5,5-七氯联苯	2,2,3,3,4,4,5,5-八氯联苯
长江干流	官渡口	<DL	<DL	<DL	<DL	<DL	<DL	<DL	<DL
香溪河	香溪河IV	<DL	<DL	<DL	<DL	<DL	<DL	<DL	<DL
	香溪河III	<DL	<DL	<DL	<DL	<DL	<DL	<DL	<DL
梅溪河	梅溪河II	<DL	<DL	<DL	<DL	<DL	<DL	<DL	<DL
	梅溪河III	<DL	<DL	<DL	<DL	<DL	<DL	<DL	<DL
	梅溪河IV	<DL	<DL	<DL	<DL	<DL	<DL	<DL	<DL
小江	小江V	<DL	<DL	<DL	<DL	<DL	<DL	<DL	<DL
	小江IV	<DL	<DL	<DL	<DL	<DL	<DL	<DL	<DL
	小江III	<DL	<DL	<DL	<DL	<DL	<DL	<DL	<DL
	小江II	<DL	<DL	<DL	<DL	<DL	<DL	<DL	<DL
龙河	龙河II	<DL	<DL	<DL	<DL	<DL	<DL	<DL	<DL

表 8-6　三峡水库微量有机物检出限及含量限值

微量有机物类型	序号	有机物组分	检出 DL/（μg/L）	《生活饮用水卫生标准》（GB 5749—2006）限值/（μg/L）
多环芳烃	1	萘	0.15	2
	2	苊	0.12	
	3	二氢苊	0.09	
	4	芴	0.12	
	5	菲	0.13	
	6	蒽	0.10	
	7	荧蒽	0.16	
	8	芘	0.12	
	9	苯并蒽	0.12	
	10		0.13	
	11	苯并[b]荧蒽	0.16	
	12	苯并[k]荧蒽	0.18	
	13	苯并[a]芘	0.12	
	14	茚并[1,2,3-cd]芘	0.14	
	15	二苯并[a,h]蒽	0.16	
	16	苯并[g,h,i]苝	0.12	
多氯联苯	17	2-一氯联苯	0.02	0.5
	18	3,3-二氯联苯	0.02	
	19	2,4,5-三氯联苯	0.02	
	20	2,2,4,4-四氯联苯	0.02	
	21	2,3,4,5,6-五氯联苯	0.02	
	22	2,2,3,3,6,6-六氯联苯	0.02	
	23	2,2,3,4,5,5-七氯联苯	0.02	
	24	2,2,3,3,4,4,5,5-八氯联苯	0.02	

8.3 藻毒素含量分析

2013 年 9 月开展了 1 次三峡水库支流水中微囊藻毒素含量调查监测工作，对童庄河、神农溪、梅溪河、磨刀溪、小江、苎溪河 6 条支流开展取样监测工作，供采集样品 6 个。

分析结果表明，三峡水库支流水中均未检出微囊藻毒素，检测定量值小于 0.01 μg/L，远低于《地表水环境质量标准》（GB 3838—2002）对微囊藻毒素组分 1 μg/L 的限值要求（表 8-7）。

表 8-7 三峡水库微囊藻毒素调查监测结果   单位：μg/L

序号	支流	微囊藻毒素		
		MCRR	MCYR	MCLR
1	童庄河	<0.01	<0.01	<0.01
2	神农溪	<0.01	<0.01	<0.01
3	梅溪河	<0.01	<0.01	<0.01
4	磨刀溪	<0.01	<0.01	<0.01
5	小江	<0.01	<0.01	<0.01
6	苎溪河	<0.01	<0.01	<0.01

8.4 小结

1）三峡水库干支流水中均未检出有机磷和有机氯农药。

2）三峡水库干流水中均未检出多环芳烃和多氯联苯。支流中仅梅溪河检出 1 次多环芳烃萘（0.2 μg/L），小江检出 2 次多环芳烃萘（0.19 μg/L 和 0.17 μg/L），但均低于《生活饮用水卫生标准》（GB 5749—2006）对多环芳烃总量 2 μg/L 的限值要求；其他支流多环芳烃和所有支流多氯联苯均未检出。

3）三峡水库支流中均未检出微囊藻毒素。

第9章

三峡水库高水位运行期饮用水水源地
水质安全调查与评估

水是生命的源泉，保护饮用水水源地、保障饮用水安全是关系国计民生的大事。三峡水库是国家重要的战略水资源库，保障三峡水库水源地安全是对三峡水库水质保护的重要工作。本章对三峡水库饮用水水源地的基本状况进行了相关调查，并对部分重点饮用水水源地开展了实地监测。对饮用水水源地水质常规指标、有机物指标和藻毒素指标开展了全面检测分析，科学评估了三峡水库饮用水水源地的水质安全状况，为饮用水水源地水污染防治和管理工作提供技术支撑。

9.1 三峡水库饮用水水源地分布状况

9.1.1 重庆库区饮用水水源地基本情况

重庆市三峡库区的饮用水水源地数量众多，分布相对分散，形成了大型饮用水水源、企业自备水源及乡镇零星小水源并存格局。表 9-1 列出了重庆市三峡库区以长江干流为取水水源的重要城市水源地，40 多个水源地的供水总人口接近320 万人。表 9-2 列出了重庆市三峡库区以支流为取水水源的重要城市水源地，近30 个水源地的供水总人口约 248 万人，其中，以嘉陵江及其支流作为取水来源的饮用水水源地居多，其供水人口约占 80%。企业自备水厂主要提供生产用水，乡镇小水源地服务人口较少。

表 9-1　重庆市库区以长江为取水水源的重要城市饮用水水源地基本情况

行政区	水厂名称	水源地所在河流	供水人口/万人
万州区	长石尾三水厂	长江	28.45
	扁担岩移民水厂	长江	2.81
涪陵区	糠壳湾二水厂	长江	23.04
	李渡水厂	长江	2.5
	龙桥水厂	长江	2
渝中区	九龙坡和尚山水厂	长江	19.24
	黄沙溪水厂	长江	9.12
大渡口区	重钢取水站	长江	12.5
	茄子溪水厂	长江	4.3
	其他自备水厂	长江	3.6
江北区	江北嘴汇川门水厂	长江	4.37
	寸滩水口合成制药厂水厂	长江	0.29
	郭家沱望江机器制造总厂水厂	长江	0.8
九龙坡区	九龙坡和尚山水厂	长江	70.7
	建设集团自备水厂	长江	6.47
	重庆发电厂自备水厂	长江	1.5
	西铝自备水厂	长江	4.45
	铜罐驿自来水厂	长江	1
	其他自备水厂	长江	4.3
巫山县	红石梁巫山县自来水公司水厂	长江	1.45
南岸区	南坪镇南桥头黄桷渡水厂	长江	51.45
	涂山镇玄坛庙供水站	长江	8.44
	广阳镇贯口广阳岛水厂	长江	0.16
	其他备水厂	长江	2.28
巴南区	鱼洞渝南自来水公司水厂	长江	7
	重庆大江工业（集团）公司水厂	长江	6
	鱼洞道角供水有限公司水厂	长江	4.5
	杨村凼南城水务有限责任公司水厂	长江	3.5

行政区	水厂名称	水源地所在河流	供水人口/万人
巴南区	重庆机床厂水厂	长江	2.5
	重庆渝港钛白粉公司水厂	长江	1.5
	其他自备水厂	长江	0.31
长寿区	川维水厂	长江	4.5
	长化水厂	长江	2.1
	川染厂水厂	长江	0.08
忠县	苏家水厂	长江	6.94
	北公祠水厂	长江	3.58
云阳县	云阳市政水厂	长江	8.84
	云阳自来水公司水厂	长江	2.01
	双江镇双江水厂	长江	1.3

表 9-2 重庆市库区以支流为取水水源的重要城市饮用水水源地情况

行政区	水厂名称	水源地所在河流	供水人口/万人
渝北区	嘉陵江梁沱水厂	嘉陵江	12.36
渝中区	大溪沟水厂	嘉陵江	28.82
	其他自备水厂	嘉陵江	11.45
江北区	梁沱水厂	嘉陵江	22.7
	大兴村茶园江北水厂	嘉陵江	21.07
	嘉陵江茶园长安汽车公司水厂	嘉陵江	6
	嘉陵江大石坝/安汽车公司水厂	嘉陵江	5
	其他河流自备水厂	嘉陵江	3.28
沙坪坝区	嘉陵江高家花园水厂	嘉陵江	45.48
	嘉陵江中渡口汉渝路水厂	嘉陵江	15
	龙凤河支流莲花滩陈家桥水厂	梁滩河	0.6
	嘉陵江双碑嘉陵工业股份公司水厂	嘉陵江	4.5
	嘉陵江磁器口双碑特钢水厂	嘉陵江	13.7
	其他自备水厂	嘉陵江	1.11
石柱县	龙河双庆水厂	龙河	5.2
北碚区	嘉陵江金岗碑北碚红工水厂	嘉陵江	11.14
	嘉陵江马鞍溪水厂	嘉陵江	8.71
	其他自备水厂	嘉陵江	1
万州区	其他自备水厂	竺溪、龙宝、五桥河	0.9

行政区	水厂名称	水源地所在河流	供水人口/万人
涪陵区	马脚溪水厂	马脚溪	0.82
	富瑞星公司水厂	乌江	2.5
长寿区	其他自备水厂	龙溪河	1.8
丰都县	小佛溪黄岭岩水厂	小佛溪	0.5
开县	开县自来水公司水厂	南河	13.87
巫山县	巫山县自来水公司水厂	朝阳洞	5.02
	大宁河龙门水厂	大宁河	0.33
巫溪县	大宁河北门沟水厂	大宁河	3.5
	柏杨溪墨斗水厂	柏杨溪	0.25

重庆市三峡库区各县区重要城市饮用水水源地和供水水厂的基本情况如下：

1）重庆市自来水有限公司隶属重庆市水务集团，下属水厂主要包括从嘉陵江取水的渝中区水厂、北碚水厂、沙坪坝水厂、双碑水厂和从长江取水的丰收坝水厂、和尚山水厂、江南水厂，担负着重庆市主城区的供水任务，日供水能力为 114.87 万 t，供水方式采取多级加压的组团式供水，各区域的供水管网已基本实现连接。

2）涪陵区自来水公司拥有二水厂、李渡水厂、龙桥水厂等供水单位，其供水水源为长江、乌江、马脚溪，供水能力为 15 万 t/d，担负着城区近 40 万城市人口生活和生产用水。以长江为水源的二水厂（取水口位于长江龙王沱上游，采用深井江心取水）主要为城区人口供水，设计供水能力为 10 万 t/d。

3）万州城区有 2 家主要供水企业，即区自来水公司和区水资源公司，制水能力均为 10 万 t/d。区自来水公司主要以长江为水源，长江牌楼三水厂是万州城市集中式饮用水水源，供水人口占城区的 80%～90%；水资源公司的江北水厂以甘宁水库为水源，处理后的净水输送到区自来水公司统一供水。

4）丰都县主要有 3 个供水单位，分别是丰都县自来水有限公司、丰都清源自来水有限公司、丰都县高家镇自来水厂。丰都县有 3 座自来水厂，由南岸水厂和北岸水厂两片区组成，南岸水厂由斜南溪水厂（供水量 3 万 t/d）和镇家院子水厂（供水量 0.5 万 t/d）组成；北岸水厂以长江为供水水源，其取水口设在白沙沱，设计生产能力为 1.2 万 t/d。

5）忠县县城有 2 个水厂，即白公祠水厂和苏家水厂，供水规模分别为 0.6 万 t/d 和 2.5 万 t/d，2 个水厂通过管网连通，基本能满足城区供水需求。

6）云阳新城供水由县市政水务公司、县自来水厂、双江水管站分片承担，均从长江取水。市政水务公司覆盖面最大，日供水量为 0.85 万 t。县城 3 个水厂分别为新县城移民水厂（长江枯草沱取水口）、工业水厂（枫箱背取水口）、双江镇水厂（水管站取水口），实行分区供水。

7）奉节县自来水公司供水服务范围覆盖城区及周边郊区，日供水能力为 3 万 t。水厂有王家坪水厂、宝塔坪水厂。清莲溪水库为县城主要供水水源（王家坪水厂），供水能力为 1 万～2 万 t/d，宝塔坪水厂以长江作为取水水源。

8）长寿区城区取水点设置在烟坡和堰家，烟坡水厂取水口位于龙溪河上，堰家水厂取水口位于河泉水库，以泉水和降雨为主要来水，供应堰家办事处 1 万多人。川维水厂为川维集团自建水厂，以长江为源水，取水口位于川维码头上游 100 m 左右，为川维企业提供生活及工业用水。

9）石柱县城由双庆自来水厂供水（龙河取水），其供水量为 1 万 t/d，基本满足县城用水需求。在县城自来水源引水工程竣工通水后，双庆水厂日供水能力扩容至 2 万 t，可满足城区用水需求。

10）巫山县自来水公司负责县城和大昌镇供水，日供水能力为 5 万 t，取水水源主要为朝阳洞。

9.1.2 湖北库区饮用水水源地基本情况

湖北省三峡库区重要城市水源地基本情况见表 9-3。宜昌市库区范围涉及秭归、兴山县、夷陵区。

1）秭归新县城主要水源为长江干流，县二水厂供水人口为 5 万人。

2）兴山新县城供水人口约为 2 万人，水源主要为古洞口水库。

3）夷陵区城区主要水源为官庄水库，即黄柏河东支来水。

4）巴东县隶属湖北省恩施土家族苗族自治州，水源主要取自万福河，有金堂湾水厂和巴东二水厂 2 座水厂，总供水能力约 4 万 m^3/d。

表 9-3　湖北省库区重要城市饮用水水源地基本情况

行政区	水厂名称	水源地所在河流	供水人口/万人
巴东县	巴东新县城二水厂	万福河	5.00
秭归县	秭归新县城二水厂	长江	4.00
兴山县	古洞口水	香溪河	2.00
夷陵区	晓溪塔水厂	黄柏河	8.00
	雾渡河镇水厂	黄柏河	0.50
	尚家河水库	黄柏河	0.40

5）三峡坝区内有枢纽水厂、白庙子、下岸溪和鹰子咀 4 个水厂（均位于坝下长江两岸），日供水量约 5.7 万 t，其中左岸枢纽水厂日供水 3.3 万 t，右岸白庙子水厂日供水量为 1 万 t，下岸溪水厂主要为下岸溪生活营地和砂石料系统提供生活、生产用水，鹰子咀水厂在枢纽水厂设备检修停止供水时作为备用水源。

9.2　三峡水库重点饮用水水源地水质状况调查

9.2.1　重点饮用水水源地选取及调查监测

将供水规模大于 20 万 t/d 的饮用水水源地作为调查研究的重点饮用水水源地，三峡库区满足此标准的城镇饮用水水源地共有 8 个（表 9-4）。将此 8 个重点城市饮用水水源地作为调查研究的样本，在 2013 年开展了水质现状调查监测与水质安全评估。

表 9-4　三峡水库调查监测的重点饮用水水源地基本情况

序号	水厂水源地	行政区	所在河流	供水人口/万人
1	九龙坡和尚山水厂	重庆市九龙坡区	长江	70.7
2	高家花园水厂	重庆市沙坪坝区	嘉陵江	45.5

序号	水厂水源地	行政区	所在河流	供水人口/万人
3	黄角渡水厂	重庆市南岸区	长江	51.5
4	梁沱水厂	重庆市渝北区	嘉陵江	12.4
5	大溪沟水厂	重庆市渝中区	嘉陵江	28.8
6	大兴村茶园水厂	重庆市江北区	嘉陵江	21.1
7	糠壳湾水厂	重庆市涪陵区	长江	23.0
8	长石尾水厂	重庆市万州区	长江	28.5

选取的重点饮用水水源地位于重庆市，包括万州区长石尾（三水厂）水源地、涪陵区糠壳湾（二水厂）水源地、九龙坡区九龙坡和尚山水厂水源地、南岸区南坪镇南桥头（黄角渡水厂）水源地、渝中区大溪沟水厂水源地、江北区梁沱水厂水源地和大兴村茶园/江北水厂水源地以及沙坪坝区嘉陵江高家花园水厂水源地。2013 年对上述 8 个重点饮用水水源地的常规指标、微量有机物和藻毒素开展了采样监测工作。

9.2.2 重点饮用水水源地常规指标含量分析及评价

2013 年对 8 个饮用水水源地开展了 12 项常规指标的监测分析工作。参照《地表水环境质量标准》（GB 3838—2002），对所监测的 pH 值、溶解氧、高锰酸盐指数、氨氮、总磷、铜、锌、硒、砷、汞、镉和铅 12 项基本参数采用单因子评价法进行评价，水质评价结果见表 9-5 和图 9-1。评价结果表明：

1）水质属于 II 类标准的饮用水水源地共有 4 个，占参评个数的 50%，分别为沙坪坝区嘉陵江高家花园水厂水源地、渝中区大溪沟水厂水源地、大兴村茶园/江北水厂水源地、万州区长石尾（三水厂）水源地。水质属于 III 类标准的饮用水水源地有 4 个，占参评个数的 50%，分别为江北区梁沱水厂水源地、九龙坡区九龙坡和尚山水厂水源地、南岸区南坪镇南桥头（黄角渡水厂）水源地和涪陵区糠壳湾（二水厂）水源地。

2）对影响饮用水水源地水质类别的影响因子作进一步分析，表 9-5 列出了 8 个饮用水水源地的基本参数单因子评价结果。由表可见总磷对水质类别评价起

表9-5 水源地基本参数单因子评价结果

单位：mg/L

水源地（水厂）	pH值	溶解氧	高锰酸盐指数	总磷	氨氮	镉	铜	铅	锌	汞	砷	硒	综合类别
九龙坡区九龙坡和尚山水厂	7.9	8.4	1.8	0.14	<0.025	<0.001	<0.005	<0.005	0.019	<0.000 01	0.001 9	<0.000 3	III
	I	I	I	III	I	I	I	I	I	I	I	I	
沙坪坝区嘉陵江高家花园水厂	7.8	7.4	3.0	0.09	0.042	<0.001	<0.005	<0.005	0.029	<0.000 01	0.002 3	<0.000 3	II
	I	II	II	II	I	I	I	I	I	I	I	I	
南岸区南坪镇南桥头（黄角渡水厂）	7.9	8.2	2.7	0.14	0.027	<0.001	<0.005	<0.005	0.015	<0.000 01	0.001 5	<0.000 3	III
	I	I	II	III	I	I	I	I	I	I	I	I	
江北区梁沱水厂	7.8	7.5	2.7	0.12	0.039	<0.001	<0.005	<0.005	0.022	<0.000 01	0.001 9	<0.000 3	III
	I	II	II	III	I	I	I	I	I	I	I	I	
渝中区大溪沟水厂	7.8	7.4	3.0	0.08	0.042	<0.001	<0.005	<0.005	0.022	<0.000 01	0.002 5	0.000 3	II
	I	II	II	II	I	I	I	I	I	I	I	I	
大兴村茶园/江北水厂	7.8	7.4	3.1	0.09	0.040	<0.001	<0.005	<0.005	0.022	<0.000 01	0.002 4	<0.000 3	II
	I	II	II	II	I	I	I	I	I	I	I	I	
涪陵区糠壳湾（二水厂）	7.7	7.6	2.6	0.14	0.039	<0.001	<0.005	<0.005	0.012	<0.000 01	0.001 6	0.000 3	III
	I	I	II	III	I	I	I	I	I	I	I	I	
万州区长石尾取水点（三水厂）	7.8	7.6	1.9	0.10	<0.025	<0.001	<0.005	<0.005	0.011	<0.000 01	0.001 9	<0.000 3	II
	I	I	I	II	I	I	I	I	I	I	I	I	

主导作用，其余参数均符合（或优于）Ⅱ类水质标准。Ⅰ类、Ⅱ类和Ⅲ类因子的出现频次分别为 78 次、14 次和 4 次，占比分别为 81%、15%和 4%（图 9-2）。因此，绝大部分参数的单因子评价结果都符合Ⅰ类标准，少数符合Ⅱ类标准，极少部分是Ⅲ类标准。若总磷不参评，则 8 个饮用水水源地各常规水质指标全部符合Ⅰ类和Ⅱ类水质标准。

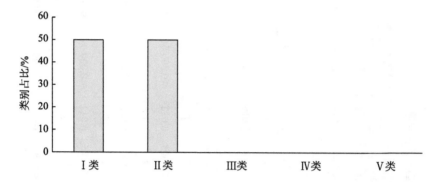

图 9-1　三峡水库饮用水水源地水质类别比例构成

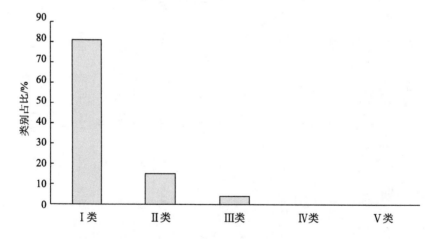

图 9-2　三峡水库饮用水水源地单因子水质类别出现频次比例

3）各水源地基本参数监测结果如下：

①基本理化指标：pH 值为 7.7～7.9，均符合Ⅰ类标准。

②污染物综合指标：高锰酸盐指数含量为 1.8～3.1 mg/L，其中，沙坪坝区嘉陵江高家花园水厂水源地、南岸区南坪镇南桥头黄角渡水厂水源地、江北区梁沱水厂水源地、渝中区大溪沟水厂水源地、江北区大兴村茶园/江北水厂水源地和涪陵区糠壳湾二水厂水源地水中高锰酸盐指数含量分别为 3.0 mg/L、2.7 mg/L、2.7 mg/L、3.0 mg/L、3.1 mg/L 和 2.6 mg/L，略高于Ⅰ类水限值；氨氮含量为＜0.025～0.042 mg/L，8 个饮用水水源地全部符合Ⅰ类水质标准；溶解氧含量为 7.4～8.4 mg/L，其中，沙坪坝区嘉陵江高家花园水厂水源地、江北区梁沱水厂水源地、渝中区大溪沟水厂水源地和江北区大兴村茶园江北水厂水源地水体中溶解氧含量分别为 7.4 mg/L、7.5 mg/L、7.4 mg/L 和 7.4 mg/L，略低于Ⅰ类水限值。

③营养盐指标：总磷含量为 0.08～0.14 mg/L，为Ⅱ～Ⅲ类标准，是各水源地水质类别的决定性因子。

④重金属指标：砷、汞、铅、镉、锌、铜、硒含量均符合Ⅰ类标准，其含量大多小于检出限。

4）除基本项目外，还对 GB 3838—2002 所规定的集中式生活饮用水地表水源地补充项目硝酸盐、铁和锰进行了监测，结果如表 9-6 所示。评价结果表明，8 个饮用水水源地的硝酸盐、铁和锰均符合限值标准，水质状况良好。

表 9-6 水源地补充项目监测评价结果

水厂水源地	硝酸盐	铁	锰
九龙坡区九龙坡和尚山水厂	符合	符合	符合
沙坪坝区嘉陵江高家花园水厂	符合	符合	符合
南岸区南坪镇南桥头黄角渡水厂	符合	符合	符合
江北区梁沱水厂	符合	符合	符合
渝中区大溪沟水厂	符合	符合	符合
江北区大兴村茶园江北水厂	符合	符合	符合
涪陵区糠壳湾二水厂	符合	符合	符合
万州区长石尾取水点三水厂	符合	符合	符合

9.2.3 重点饮用水水源地微量有机物含量分析及评价

有机污染物对人体健康存在潜在危害，饮用水水源地微量有机物的含量关系到库区群众饮水安全。2013 年对 8 个重要饮用水水源地水体中的多氯联苯、有机磷农药和多环芳烃三大类微量有机物含量进行了监测，检测分析结果见表 9-7。

1）多氯联苯：8 个水源地水体中均未检测出 2-一氯联苯、3,3-二氯联苯、2,4,5-三氯联苯、2,2,4,4-四氯联苯、2,3,4,5,6-五氯联苯、2,2,3,3,6,6-六氯联苯、2,2,3,4,5,5-七氯联苯和 2,2,3,3,4,4,5,5-八氯联苯。

2）有机磷农药：8 个水源地的水体中均未检测出敌敌畏、乐果、甲基对硫磷、马拉硫磷或对硫磷。

3）多环芳烃：沙坪坝区嘉陵江高家花园水厂水源地水体中检测出萘（0.16 μg/L），江北区梁沱水厂水源地水体中检测出萘（0.54 μg/L），南岸区南坪镇南桥头黄角渡水厂水源地水体中检测出萘（0.47 μg/L），但均低于限值要求；这 3 个水源地其他种类多环芳烃均未检出。其他 5 个水源地均未检出萘、苊、二氢苊、芴、菲、荧蒽、蒽、芘、苯并蒽、䓛、苯并[b]荧蒽、苯并[k]荧蒽、苯并[a]芘、茚并[1,2,3-cd]芘、二苯并[a,h]蒽、苯并[g,h,i]苝 16 种多环芳烃。

4）按照《地表水环境质量标准》（GB 3838—2002）中集中式生活饮用水地表水源地特定项目标准限值标准，三峡水库 8 个重要饮用水水源地水体中的多氯联苯、有机磷农药和多环芳烃均符合饮用水水源地水质要求。

9.2.4 重点饮用水水源地藻毒素含量分析及评价

水体富营养化影响较大的情况之一是蓝藻水华的出现。水华出现时，水面被厚厚的蓝绿色湖靛所覆盖，甚至在岸边大量堆积。在藻体大量死亡分解的过程中，散发恶臭，破坏景观；还会大量消耗水中溶解氧，使鱼窒息死亡。需引起关注的还有蓝藻细胞破裂后可向水体中释放多种不同类型的藻毒素，直接或间接危害人类和其他水生生物健康与安全。藻毒素会在鱼类的肝脏、消化道和肌肉等组织器官中富集，还会干扰鱼类的胚胎发育，从而对鱼类的生长行为产生影响。在已发现的各种藻毒素中，微囊藻毒素（Microcystin，MC）是一种在蓝藻水华暴发中出现频率最高、产生量最大和造成危害最严重的藻毒素。

三峡水库是我国重要的战略水资源库，三峡库区内饮用水水源地数量众多，供给范围广、供给人口多。为保障供水安全，对饮用水水源地水中藻毒素的监测是不可或缺的基础工作。本书对三峡水库 8 个重要饮用水水源地的水体中的藻毒素开展了监测工作。采用高效液相色谱法对微囊藻毒素（MCRR、MCYR、MCLR）进行了分离检测。结果显示，在 8 个饮用水水源地的水体中均未检测出这 3 种微囊藻毒素（表 9-7）。

按照《地表水环境质量标准》（GB 3838—2002）集中式生活饮用水地表水源地特定项目标准限值标准，三峡水库 8 个重要饮用水水源地藻毒素含量均符合饮用水水源地水质要求。

9.3 三峡水库重点饮用水水源地水质安全评价

9.3.1 评价指标、标准及方法

三峡水库水源地安全状况评价以 8 个水源地为对象，依据水利部水利水电规划设计总院 2005 年在《城市饮用水水源地安全状况评价技术细则》中确定的水质指标和相应的安全标准，评判水源地水质安全状况。综合指数 1 和 2 表示安全，3 表示基本安全，4 和 5 表示不安全。具体评价指标、标准和方法见第 4 章 4.3.4 节。

9.3.2 水质安全评价结果

（1）一般污染物和有毒污染物水质指数评价

按照水源地水质安全指数法计算 8 个重要饮用水水源地一般污染物水质指数，均为 2 级，同时有毒污染物水质指数也均为 1 级。评价结果见表 9-8。

表9-7 水源地微量有机物和藻毒素含量

单位: μg/L

水厂水源地	有机磷农药					微囊藻毒素		
	敌敌畏	乐果	甲基对硫磷	马拉硫磷	对硫磷	MCRR	MCYR	MCLR
万州三水厂	<0.1	<0.1	<0.1	<0.1	<0.1	<0.01	<0.01	<0.01
糠壳湾二水厂	<0.1	<0.1	<0.1	<0.1	<0.1	<0.01	<0.01	<0.01
梁沱水厂	<0.1	<0.1	<0.1	<0.1	<0.1	<0.01	<0.01	<0.01
黄角渡水厂	<0.1	<0.1	<0.1	<0.1	<0.1	<0.01	<0.01	<0.01
大溪沟水厂	<0.1	<0.1	<0.1	<0.1	<0.1	<0.01	<0.01	<0.01
大兴村	<0.1	<0.1	<0.1	<0.1	<0.1	<0.01	<0.01	<0.01
高家花园水厂	<0.1	<0.1	<0.1	<0.1	<0.1	<0.01	<0.01	<0.01
和尚山水厂	<0.1	<0.1	<0.1	<0.1	<0.1	<0.01	<0.01	<0.01

水厂水源地	多氯联苯							
	2一一氯联苯	3,3一二氯联苯	2,4,5一三氯联苯	2,2,4一四氯联苯	2,3,4,5,6一五氯联苯	2,2,3,6一六氯联苯	2,2,3,4,5,5一七氯联苯	2,2,3,3,4,4,5,5一八氯联苯
万州三水厂	<0.02	<0.02	<0.02	<0.02	<0.02	<0.02	<0.02	<0.02
糠壳湾二水厂	<0.02	<0.02	<0.02	<0.02	<0.02	<0.02	<0.02	<0.02
梁沱水厂	<0.02	<0.02	<0.02	<0.02	<0.02	<0.02	<0.02	<0.02
黄角渡水厂	<0.02	<0.02	<0.02	<0.02	<0.02	<0.02	<0.02	<0.02
大溪沟水厂	<0.02	<0.02	<0.02	<0.02	<0.02	<0.02	<0.02	<0.02
大兴村茶园江北水厂	<0.02	<0.02	<0.02	<0.02	<0.02	<0.02	<0.02	<0.02
高家花园水厂	<0.02	<0.02	<0.02	<0.02	<0.02	<0.02	<0.02	<0.02
和尚山水厂	<0.02	<0.02	<0.02	<0.02	<0.02	<0.02	<0.02	<0.02

水厂/水源地	多环芳烃							
	萘	苊	二氢苊	芴	菲	蒽	荧蒽	芘
万州三水厂	<0.15	<0.12	<0.09	<0.12	<0.13	<0.10	<0.16	<0.12
糠壳湾二水厂	0.54	<0.12	<0.09	<0.12	<0.13	<0.10	<0.16	<0.12
梁沱水厂	0.47	<0.12	<0.09	<0.12	<0.13	<0.10	<0.16	<0.12
黄角渡水厂	<0.15	<0.12	<0.09	<0.12	<0.13	<0.10	<0.16	<0.12
大溪沟水厂	<0.15	<0.12	<0.09	<0.12	<0.13	<0.10	<0.16	<0.12
大兴村	0.16	<0.12	<0.09	<0.12	<0.13	<0.10	<0.16	<0.12
高家花园水厂	<0.15	<0.12	<0.09	<0.12	<0.13	<0.10	<0.16	<0.12
和尚山水厂	<0.15	<0.12	<0.09	<0.12	<0.13	<0.10	<0.16	<0.12

水厂/水源地	多环芳烃							
	苯并蒽	䓛	苯并[b]荧蒽	苯并[k]荧蒽	苯并[a]芘	茚并[1,2,3-cd]芘	二苯并[a,h]蒽	苯并[g,h,i]芘
万州三水厂	<0.12	<0.13	<0.16	<0.18	<0.12	<0.14	<0.16	<0.12
糠壳湾二水厂	<0.12	<0.13	<0.16	<0.18	<0.12	<0.14	<0.16	<0.12
梁沱水厂	<0.12	<0.13	<0.16	<0.18	<0.12	<0.14	<0.16	<0.12
黄角渡水厂	<0.12	<0.13	<0.16	<0.18	<0.12	<0.14	<0.16	<0.12
大溪沟水厂	<0.12	<0.13	<0.16	<0.18	<0.12	<0.14	<0.16	<0.12
大兴村	<0.12	<0.13	<0.16	<0.18	<0.12	<0.14	<0.16	<0.12
高家花园水厂	<0.12	<0.13	<0.16	<0.18	<0.12	<0.14	<0.16	<0.12
和尚山水厂	<0.12	<0.13	<0.16	<0.18	<0.12	<0.14	<0.16	<0.12

表 9-8　三峡水库重点饮用水水源地水质指数评价结果

水厂水源地	水质指数评价结果	
	一般污染物综合指数	有毒污染物综合指数
九龙坡区九龙坡和尚山水厂	2	1
沙坪坝区嘉陵江高家花园水厂	2	1
南岸区南坪镇南桥头黄角渡水厂	2	1
江北区梁沱水厂	2	1
渝中区大溪沟水厂	2	1
江北区大兴村茶园江北水厂	2	1
涪陵区糠壳湾二水厂	2	1
万州区长石尾取水点三水厂	2	1

（2）水质安全状况评价结果

按照水质安全状况综合指数的计算方法，计算得到三峡水库 8 个重点饮用水水源地水质安全状况综合指数（表 9-9），评价结果表明，三峡库区 8 个调查的重点饮用水水源地水质状况安全，水质安全状况综合指数均为 1 级。

表 9-9　三峡水库重点饮用水水源地水质安全状态评价结果

水厂水源地	水质安全状况综合评价指数
九龙坡区九龙坡和尚山水厂	1
沙坪坝区嘉陵江高家花园水厂	1
南岸区南坪镇南桥头黄角渡水厂	1
江北区梁沱水厂	1
渝中区大溪沟水厂	1
江北区大兴村茶园江北水厂	1
涪陵区糠壳湾二水厂	1
万州区长石尾取水点三水厂	1

第 10 章

结论及对策建议

10.1 结论

10.1.1 三峡水库水质变化特征

（1）干流水质变化特征

1）高水位运行期，三峡水库长江干流水质总体良好，以Ⅱ～Ⅲ类水质为主，但也偶发过水质类别超标的情况。2011—2015 年，三峡水库干流寸滩、沱口、官渡口和太平溪断面年度水质类别均稳定为Ⅱ～Ⅲ类，清溪场出现过Ⅳ类水，同时上述 5 个干流代表断面月度水质类别均出现过超Ⅲ类情况。三峡水库干流年度水质类别和月度水质类别均以Ⅱ～Ⅲ类为主，年度水质类别符合（或优于）Ⅲ类的断面频次比例达 88%，超标的Ⅳ类占比 12%；月度水质类别符合（或优于）Ⅲ类的断面频次比例较年度比例略有下降为 84.6%，超标的Ⅳ类、Ⅴ类和劣Ⅴ分别占比为 13.4%、1.6% 和 0.4%，共计占比 15.4%。

2）高水位运行期，三峡水库长江干流水质总体沿程趋好，库下游的坝前和库首断面水质优于库上游入库和库中游的库尾、库腹与库中断面。2011—2015 年，三峡水库干流主要水质影响因子总磷和高锰酸盐指数含量在空间沿程上呈现出出库上游至库下游逐渐降低的趋势，时间尺度上呈现出 2012 年略增高，之后逐步下降的趋势。

3）高水位运行期，三峡水库长江干流超标因子主要为总磷和高锰酸盐指数。2011—2015 年，三峡水库 5 个干流代表断面在 2013 年以前均在个别月份不定期出现过超Ⅲ类水质标准的情况，达到Ⅳ类，甚至个别断面出现Ⅴ类和劣Ⅴ类的情况，超标的污染因子主要为总磷和高锰酸盐指数。清溪场断面总磷超标情况最为突出，且总磷超标大部分集中于清溪场断面；高锰酸盐指数超标次数较少。

4）总体上三峡水库干流高水位调度期（11—12 月）水质状况明显好于低水位调度期（7—9 月），但高低两个调度期均以Ⅱ～Ⅲ类水质为主。高水位调度期 5 个干流代表断面水质类别为Ⅱ～Ⅲ类，符合（或优于）Ⅲ类水质标准的比例为 100%，低水位调度期 5 个干流代表断面水质类别为Ⅱ～劣Ⅴ类，符合（或优于）Ⅲ类水的比例为 77.3%。整体上看，三峡水库干流总磷、高锰酸盐指数、氨氮和铅等水质因子含量低水位调度期略高于高水位调度期。空间上看，低水位调度期总磷、高锰酸盐指数和铅呈现出沿程降低趋势，氨氮变化不大；高水位调度期总磷呈现出沿程降低趋势，高锰酸盐指数、氨氮和铅变化不大。

5）蓄水后三峡水库干流水质总体上趋好，干流断面符合（或优于）Ⅲ类水质标准的比例总体上蓄水后较蓄水前有所提高。135 m 蓄水前，三峡水库干流断面总体年度水质类别以Ⅱ～Ⅲ类为主，占比为 80%；蓄水后的 135 m 蓄水位期、156 m 蓄水位期和 175 m 试验性蓄水位初期三个阶段，年度水质变好明显，且相对保持稳定，总体年度水质类别均为Ⅱ～Ⅲ类，占比为 100%；高水位运行期（2011—2015 年），Ⅱ～Ⅲ类水质类别占比为 88%。

蓄水后（2004—2015 年）各蓄水位代表年按月度统计，三峡水库干流水质超标因子超标情况呈现出由上游至下游沿程减轻的趋势，上游寸滩和清溪场断面超标因子较多，出现过总磷、高锰酸盐指数、石油类、铅、镉和汞超标的情况；中游的沱口断面只出现总磷、高锰酸盐指数、石油类、铅超标情况；下游的官渡口断面出现总磷和石油类超标情况；坝前的太平溪断面只出现总磷超标情况。

6）按季度均值对三峡水库干流主要污染物分布特征分析表明：1999—2015 年共计 340 个评价次统计，总磷、总铅、高锰酸盐指数和石油类为三峡水库干流江段的主要超标因子，此外镉偶有超标。蓄水后（2004 年以后）三峡水库干流水质超标情况明显减少，蓄水前与蓄水后比较，主要超标因子超标情况有所不同，整体上看蓄水后总磷比蓄水前超标增加，总铅、高锰酸盐指数和镉超标减轻明显，石油类超标率相差不大。三峡水库干流蓄水前第二季度—第四季度以及蓄水后第一季度—第四季度各季度均有污染因子超标，超标时段主要集中在第三季度，总磷和铅 2 项主要超标因子均主要在第三季度超标。三峡水库干流 5 个代表断面均出现过污染物超标现象，其中，铅的超标主要出现在三峡水库上中游断面的寸滩、清溪场和沱口断面，蓄水前和蓄水后均出现超标；蓄水前总磷超标主要出现在库下游的太平溪断面，蓄水后总磷超标主要出现在三峡水库上中游寸滩、清溪场和沱口断面，但这 3 个断面蓄水前总磷均未超标。蓄水后的高水位运行期（2011 年第一季度—2015 年第四季度）比蓄水后初期运行期（2003 年第三季度—2010 年第四季度）因子综合超标率有所下降，除总磷超标率略有上升外，其他因子高水位运行期均未超标。

（2）支流水质变化特征

1）高水位运行期，三峡水库支流水质均较差，以Ⅳ～劣Ⅴ类水质为主，每年监测的支流断面有 2/3 以上超标。调查监测的所有支流均存在断面超标的现象，但超标的程度不同，差异也较大，断面超标比例从 25%～100%不等。2011—2015 年支流水质呈下降趋势，支流断面符合Ⅰ～Ⅲ类水质标准的比例由 2011 年的 33%降为 2012 年和 2013 年的 27%以及 2014 年的 21%和 2015 年的 16%。

2）高水位运行期，三峡水库支流出现的水质超标因子主要为总磷、化学需氧量、高锰酸盐指数、氨氮、pH 值、溶解氧和石油类，其中，石油类和溶解氧为偶发性不稳定超标污染物。总磷是三峡水库支流主要超标因子，2011—2015 年总磷超标率均超过了 60%，其他因子超标率不超过 20%，大多数不超过 10%。三峡水库支流总体表现为以总磷营养盐为代表以及以化学需氧量、高锰酸盐指数、氨氮等综合性耗氧有机物为代表的超标污染，支流不存在重金属污染。总磷是影响支流水质类别的决定性因素，支流断面总体水质类别分析表明：总磷对水质类别超标的贡献率达 65%以上。但总磷的影响应辩证地看待，由于占大多数样本的回水区和河口断面按更严格的湖库总磷超标标准评价（湖库和河流Ⅲ类评价限值分别为 0.05 mg/L 和 0.2 mg/L，湖库是河流Ⅲ类评价限值的 1/4），使得总磷浓度值不高的断面个别也出现超标情况，在一定程度上影响了支流水质类别比例的构成。统计表明，除苎溪河、吒溪河、香溪河、池溪河、珍溪河、壤渡河、汝溪河、朱衣河 8 条支流总磷 5 年均值高于 0.2 mg/L（河流总磷标准Ⅲ类限值或湖库总磷标准Ⅴ类限值）外，其他支流总磷 5 年均值均低于 0.2 mg/L。

3) 对三峡水库 8 条长期监测支流（香溪、大宁河、梅溪河、长滩河、磨刀溪、汤溪河、小江和龙河）在 2003—2015 年，每年 3—4 月同期的水质监测结果进行对比分析表明：

蓄水后支流水质类别总体变差，其中，蓄水后高水位运行期（2011—2015 年）较蓄水后初期运行期（2004—2010 年）支流水质类别总体变差。蓄水前支流口水质以较好的Ⅱ～Ⅲ类水质为主，蓄水后初期运行期和蓄水后高水位运行期支流各监测断面水质以较差的Ⅳ～Ⅴ类水质为主；蓄水前符合（或优于）Ⅲ类的水质断面占比 88.9%，蓄水后初期运行期和蓄水后高水位运行期符合（或优于）Ⅲ类的水质断面年度占比范围分别为 34.3%～69.6%及 25.8%～37.8%，符合（或优于）Ⅲ类的水质断面占比均值分别下降至 47.4%和 30.2%。支流口同比显示，蓄水后支流水质更差，蓄水后初期运行期和蓄水后高水位运行期支流口水质仍以较差的Ⅳ～Ⅴ类水质为主，符合（或优于）Ⅲ类的水质断面占比分别进一步下降为 21.7%和 2.6%。蓄水后支流水质短暂趋好之后现逐年下降趋势，蓄水后高水位运行期，除 2011 年该比例较 2010 年有所上升外，2012—2015 年，符合（或优于）Ⅲ类水质标准的断面比例进一步下降。

支流河口氨氮蓄水后浓度降低较大，pH 值和溶解氧蓄水后初期运行期和高水位运行期较蓄水前依次有所上升，高锰酸盐指数含量蓄水前后变化不明显。总磷在蓄水前和蓄水后初期运行期基本稳定，而在蓄水后高水位运行期含量则有所上升，阶段整体均值由之前的 0.10 mg/L 上升到了 0.14 mg/L，增加了 40%。

4）对资料较为齐整和具有较长监测时段数据的御临河、大宁河、小江和香溪河 4 条重点支流的支流口断面开展季度水质评价工作，共统计分析上述 4 个河口断面 2004—2015 年共计 196 个评价次的各因子超标率，以分析库区支流主要常规污染物在各支流河口主要污染物分布特征，结果表明：

总磷为三峡水库支流口主要超标因子，石油类偶有超标。4 条支流的河口断面均出现过总磷超标现象，御临河口断面和小江河口断面蓄水初期运行期出现过石油类超标现象。

高水位运行期较蓄水后初期运行期支流口超标率略有升高。支流口总磷超标率由蓄水后初期运行期的 90.2% 上升为高水位运行期的 98.8%；石油类超标率由蓄水后初期运行期的 2.7% 降为高水位运行期的 0（未超标）。总磷在高水位运行期比蓄水后初期运行期超标率略有增加，说明随着三峡水库水位提升，总磷在三峡水库支流口有上升趋势；石油类超标状况减轻明显，高水位运行期未出现石油类超标。

各个季度均出现水质因子超标现象，总磷在第一季度—第四季度均有超标，石油类超标集中在蓄水后初期运行期第二季度和第四季度。总体上看，4 条支流河口各个季度超标率大体相当，高水位运行期第一季度—第四季度总磷超标率为 80%～100%，而蓄水后初期运行期第一季度—第四季度总磷超标率为 71.4%～100%。高水位运行期超标率整体上看略高于蓄水后初期运行期，其中第一季度和第三季度超标率较蓄水后初期运行期略有上升，而第二季度和第四季度则相差不大。

10.1.2　三峡水库浮游生物变化特征

1）高水位运行期，三峡水库干流浮游植物调查发现硅藻、绿藻、蓝藻、甲藻、隐藻、裸藻 6 门百余种，以硅藻、绿藻、蓝藻为主，各年浮游藻类密度平均在

$4.9 \times 10^4 \sim 4.0 \times 10^6$ 个/L。支流调查发现了硅藻、绿藻、蓝藻、甲藻、隐藻、裸藻 6 门几十种，以硅藻、绿藻为主，各年藻类密度平均在 $4.3 \times 10^6 \sim 3.0 \times 10^8$ 个/L。干流浮游藻类种类要略多于支流，但支流浮游藻类数量明显高于干流 100 余倍。干流浮游藻类生物多样性较支流丰富，但干流流速相对较大，浮游藻类数量较低；支流水流相对平缓，浮游藻类数量一般较大，因此，具备短时过量生长形成水华的条件。

2) 高水位运行期，三峡水库干流浮游动物调查发现轮虫、原生动物、枝角类、桡足类 4 门几十种，以轮虫、原生动物为主，浮游动物密度各年评价值为 612～1 129 个/L。支流调查发现轮虫、原生动物、枝角类、桡足类 4 门几十种，以轮虫、原生动物为主，浮游动物密度各年平均值在 2 141～5 342 个/L。干流浮游动物种类与支流相当，但支流浮游动物数量明显高于干流 2～5 倍。干流流速相对较大，浮游动物数量较低；支流水流相对平缓，浮游动物数量相对较大。

10.1.3 三峡水库富营养化变化特征

1) 高水位运行期，三峡水库支流普遍处于中营养和富营养化等级，其中，春季富营养化以轻度富营养化为主，其次为中度富营养化，还出现个别重度富营养化情况；秋季以中营养和轻度富营养化为主，个别支流出现中度富营养化，未出现重度富营养化支流。

2) 高水位运行期，三峡水库支流的富营养化水平，整体表现为春季高于秋季。春季三峡水库支流富营养化维持较高水平，富营养化支流断面平均占比为 44.0%；秋季三峡水库支流富营养化差异较大，富营养化支流断面平均占比为 27.9%。

3) 高水位运行期，三峡水库大部分支流水体的 TN/TP 值低于 29，按照 Smith VAL H. 理论，支流适宜蓝绿藻生长。

10.1.4 三峡水库水华发生特征

1) 高水位运行期，三峡水库支流发生大范围水华现象的次数分别为 2011 年

18 起、2012 年 31 起、2013 年 29 起、2014 年 14 起、2015 年（春季）7 起；发生水华河流占监测河流的比例分别为 2011 年 33.3%、2012 年 57.4%、2013 年 63.0%、2014 年 40.0%、2015 年 43.8%。

2）三峡水库水华发生的时段呈现明显的季节性，春季为水华高发期。水华发生区域多出现在三峡水库支流回水段、河口及库湾地区。春季以硅藻、甲藻水华为主。水华暴发期间藻类密度 $>10^7$ 个/L，水色依据水华发生时优势藻种的不同而有变化，多呈浅黄绿色、黄绿色、红褐色、酱油色等。

10.1.5　三峡水库有机污染物及藻毒素含量特征

1）高水位运行期，三峡水库干支流水中均未检出有机磷和有机氯农药，支流水中均未检出微囊藻毒素。

2）高水位运行期，三峡水库干流均未检出多环芳烃和多氯联苯。支流中仅梅溪河检出 1 次多环芳烃萘（0.2 μg/L），小江检出 2 次多环芳烃萘（0.19 μg/L 和 0.17 μg/L），但均低于《生活饮用水卫生标准》（GB 5749—2006）对多环芳烃 2 μg/L 的限值要求；其他支流多环芳烃和所有支流多氯联苯均未检出。

10.1.6　三峡水库饮用水水源地水质安全特征

1）高水位运行期，三峡水库 8 个重点饮用水水源地的水质均符合（或优于）国家集中式饮用水水源地Ⅲ类标准。对水质类别评价起决定性作用的因子为总磷，若总磷不参评，则 8 个饮用水水源地的水质属于Ⅰ类和Ⅱ类水质标准。此外，8 个饮用水水源地补充项目硝酸盐、铁和锰均低于集中式饮用水水源地补充项目的标准限值。

2）高水位运行期，仅在沙坪坝区嘉陵江高家花园水厂水源地、江北区梁沱水厂水源地和南岸区南坪镇南桥头（黄角渡水厂）水源地水体中检测出微量萘，且均在限定值以下，其余 5 个水源地均未检出多环芳烃。8 个重要饮用水水源地均未检测出多氯联苯、有机磷农药以及微囊藻毒素。

3)高水位运行期,三峡水库 8 个重点饮用水水源地的水质评价结果均为安全,饮用水水质状况较好,调查的水源地水质安全综合指数均为 1 级,均达到水质安全评价等级要求。

10.2　对策建议

三峡工程是一项举世瞩目的宏伟工程,三峡工程对生态环境的影响是国内外关注的焦点。三峡水库水生态环境的好坏直接关系到三峡工程的形象,是水库运行管理中必须考虑的关键性问题;同时保障三峡水库的水生态环境安全,仍是摆在三峡水库管理者和相关行政职能部门面前的一项长期而艰巨的任务。通过对三峡水库高水位运行期水生态环境特征的深入分析,针对三峡水库发现的水生态环境问题和水生态环境潜在风险,提出以下 5 个方面的对策建议。

（1）继续加强三峡库区水污染防控,从源头削减和控制入库污染物

三峡水库蓄水后,干流水质基本稳定。尽管三峡水库干流水质总体良好,年度水质类别以Ⅱ～Ⅲ类为主,但个别月份也出现超Ⅲ类水的情况,主要超标因子包括总磷、高锰酸盐指数等,这与国家确保三峡水库作为战略水资源库的Ⅱ类水质要求相比仍存在一定差距。三峡水库蓄水后,支流水质总体上看出现下降情况,大部分的支流呈现富营养化,部分支流的局部区域在局部时段发生了水华,且水华发生特征在不同的蓄水位也出现了一定的变化。三峡水库支流由于水库蓄水引发的水文情势的改变等因素是水华发生的诱发原因,但氮、磷等营养物质的含量已超过水体富营养化阈值,也是库区部分支流发生水华的根本原因,所以水污染控制形势仍不容乐观。三峡库区城镇生活污水排放量呈现增加趋势,入库污染负荷削减压力仍然较大。

建议继续强化实施三峡库区污染物削减和控制措施。一是加强工业污染源、城镇生活污染源、农田地表径流污染源等管理和控制,特别是加强三峡水库总磷污染综合防控。二是加强船舶污染治理和管控水平,减小运营船舶对库区水质的

影响。三是继续加强三峡库区及其长江上游地区的水污染治理工作，加大对长江流域上游区域四川、云南、贵州等省份水污染治理措施力度，减少长江上游对三峡库区污染负荷贡献。四是清洁生产是防治工业污染的有效模式，它体现了预防为主的环境战略，体现了集约型的增长方式，体现了环境效益与经济效益的统一，应积极推行和鼓励。五是进行生态农业建设，加大措施减少水土流失，控制氮、磷面源入库量。在库区进一步开展农业产业结构调整，引导农户优化农产品种植结构，加快生态农业建设，指导农户科学种田，合理使用化肥和农药，将畜禽粪便进行资源化利用，减少面源污染。

（2）重点加强三峡水库水环境综合整治，最大限度减少支流水华发生频次和范围

随着三峡水库稳定在 175 m 正常蓄水位的高水位常态化运行，三峡水库支流水流明显减缓，支流回水区成为水华现象出现的敏感水域。部分支流由于农业面源、污水排放等原因而存在局部污染，氮、磷等营养物质含量高，遇到适宜的气象条件易发生藻类异常繁殖，出现水华现象，给库区用水安全造成威胁。

建议对三峡水库富营养化严重和水华频发的支流加强水环境综合治理。一是开展点源污染防治。减少城镇生活废污水入河量和污染负荷强度，完善城镇污水设施建设，加强雨污分流管网建设，必要时提高城镇污水处理厂排放标准，并加强污水处理厂运行管理，严格控制废污水超标排放。引导库区污水垃圾处理设施市场化运营，提高城镇污水垃圾处理设施的处理效果；实施支流流域农村分散式污水处理和垃圾收集工程，完善乡镇、农村污水收集管网建设，提高污水处理设施的运行负荷和运行效率。明确库区产业发展的负面清单，严禁"三高"（高污染、高排放、高能耗）型产业进入库区，同时也继续加强工业污染排放管控，严格管控工业废水，必须处理达标后排放。二是开展面源污染防治。农业面源污染防治主要从源头减量、过程削减、终端净化、循环利用等方面推进落实。加强库区化肥减量提效、农药减量控害宣传培训，引导农民改进施肥方式、精准施肥，结合高效节水灌溉、实施水肥一体化，积极推进有机肥替代化肥，使用高效低毒

环境友好农药品种，从源头控制面源污染产生量。三是采取一些比较成熟的工程措施修复支流回水敏感区的受损水体。加强沿河缓冲带建设，加强护岸植被种植。促进适宜的水生植被恢复，加强水生生物多样性保护。采用生态沟渠、人工湿地等人工基质生物生态削减技术，结合支流水土流失治理工程，形成保护水库水质的生态屏障功能。四是继续深入开展三峡水库生态调度方式防控水华，加强生态调度控藻的研究和实践，进一步优化调度方式，逐步开展常态化生态调度，减缓水华发生频次和强度。五是配套建设藻类清除应急处置与安全处理设施，清除敏感水域水华；加强重要支流水环境的预警管理，为水华的适时防控提供支撑。

（3）重视三峡水库水生态环境监测，构建三峡水库新形势下的系统水生态环境监测体系

科学评估三峡工程的水生态环境影响需要长期地跟踪观测。为及时掌握三峡工程建设运行对生态环境的影响，国家相关部委、众多科研机构和三峡集团公司等单位开展了形式多样的生态环境监测工作，为科学认知三峡水库的水生态环境问题和变化规律提供了科学依据。做好三峡水库水生态环境保护工作，离不开强有力的水生态环境监测工作支撑。只有切实加强三峡水库水生态环境监测基础工作，摸清水污染和水生态状况，及时针对性地制定保护措施和管理政策，才能有效防范化解生态环境风险，实现库区可持续绿色发展。

建议继续发挥各部门各领域的监测工作优势，基于三峡水库已有的监测工作基础，加强和完善三峡水库水生态环境监测工作。一是统一水生态环境监测网络体系。落实国家统一生态环境监测网络体系要求，组建三峡水库水生态环境监测网，整合生态环境、水利、农业农村、交通运输等部门生态环境监测资源，构建三峡水库水生态环境统一监测的大格局。二是统一水生态环境监测数据共享平台。突破环境监测数据信息封闭的弊端，创新生态环境信息共建共享管理机制，在三峡水库水生态环境监测工作领域内试点探索生态环境数据信息的生产、审核、获取等共享管理办法，充分发挥三峡水库监测数据优势，打通数据信息壁垒，构建监测、评价、科研数据获取畅通渠道，统一生态环境数据平台，为三峡水库的管

理和科研提供良好环境。三是统一水生态环境监测工作组织监管。统一组织实施和归口管理三峡水库水生态环境监测工作，并加强监测机构外部监管，强化数据质量控制管理，确保监测工作有效开展，保障监测数据"真、准、全"，为三峡水库生态环境后续评价、评估、科研和管理决策提供坚实的数据基础。四是强化三峡水库水生态环境定期评估。坚持开展三峡水库每年春秋两季水生态环境专项巡航调查监测工作，落实专项工作经费，优化调查监测和评估工作内容，每年全面评估三峡水库水环境安全状况和水生态健康状况，为三峡水库的水生态环境管理提供技术支撑。同时恢复和持续开展三峡库区综合性生态环境年度报告制度，每年开展全方位的三峡水库生态环境监测数据评价分析，定期公布三峡水库水生态环境质量状况。五是开展三峡水库现代化、智慧化监测。借助现代化通信技术、人工智能、大数据分析等创新技术，并利用各类智能设备对三峡水库流域内环境指标实现动态感知与智能识别，构建水资源、水岸线、水污染、水环境、水生态、水安全等要素感知与天地一体化的监测网络，实现对生态环境的动态监测和全面感知，提升三峡水库水生态环境实时监测水平与风险预警能力。

（4）持续推进三峡水库水生态环境科研，为重点水生态环境问题解决提供技术保障

《长江三峡水利枢纽环境影响报告书》所预测的三峡工程对生态与环境的影响问题，在三峡水库蓄水后有些已经显现，如水库蓄水后，流速减小，污染物扩散能力降低；城市江段岸边污染带加宽；库区支流、库湾水华，支流水质总体下降等。有些预测尚未显现或显现的程度由于水库蓄水时间较短而表现的不十分明显，需要加强监测与观察。三峡水库作为河道型水库，具有其特殊性，关于其水环境质量的评价，有些问题还无统一定论，例如，总磷是按照湖泊水库标准评价，还是按照河流标准评价，总氮是否应参与评价等；支流库湾的富营养化和水华问题，其发生的发展规律如何，有没有办法预防和控制，发生之后如何应对，三峡库区的潜在污染风险如何客观识别、评价和通过管理降低其风险，以上诸多问题都是需要进一步加强科学研究才能回答和解决的问题。特别是水华的发生机理、水体

富营养化的治理等应加快研究工作进程，不断地将新的研究成果在三峡水库中应用和推广。

建议针对三峡水库面临的长期性、深远性环境影响问题开展系统深入研究。一是开展三峡水库水环境评价体系研究。根据河道型水库的特点，研究评价指标体系及适用范围和方法，科学、客观地评价三峡水库的水生态环境质量，并指导今后新建或在建的河道型水库的水环境评价工作。二是开展三峡水库支流水华和富营养化控制治理科学研究。在三峡水库典型入库支流库湾（如香溪河、大宁河、澎溪河等）从气象、水文、物理、化学、生物、数学、地理等多学科综合的角度研究三峡水库富营养化的形成机理和调控对策。针对三峡水库及主要库湾在不同时段的水文、水生态特点，结合防洪、发电、下游航道管理、水库水环境保护，合理进行基于生态系统管理的水库生态调度研究，控制或减缓三峡水库水华暴发。三是三峡水库水生态环境安全研究。选择重点区域如香溪河、大宁河、小江等，进一步开展入库支流流域土地利用格局、人类活动变化等与入库污染负荷之间关系的研究，探讨三峡水库水质恶化及水库可持续管理的生态学对策，为保障三峡库区的水环境安全提供理论基础和研究范例。四是三峡水库消落区的生态功能建设。针对三峡水库消落区存在的生态与环境问题以及利用和管理方面的需求，明确消落区生态建设与环境保护的原则和总体思路，开展相关研究。按照消落区生态系统的结构特征，将沿岸带—消落区—水库统筹考虑，提出整体技术路线，以及包括生物、工程和管理措施在内的消落区生态建设和保护规划。

（5）持续加大对三峡库区的支持帮扶，促进库区经济绿色转型发展

三峡库区地处长江中上游的交接地带，是我国实施长江经济带发展战略的关键节点地区和"生态优先、绿色发展"的重要示范区。一方面，三峡库区集大城市、大农村、大库区于一体，人类活动强烈、社会经济发展相对滞后，"三农"问题比较突出，即使在 2020 年与全国同步小康后，库区因经济基础薄弱，其后续发展任务依然较重、压力依然较大；另一方面，三峡库区地处我国地形地势由第一级向第三级过渡地带，生物多样性富集，生态地位极其重要，是我国重要的生

态功能区，但库区山多坡陡，生态环境十分脆弱，生态修复、治理和保护压力大、任务重，生态安全问题受到社会广泛关注。党中央、国务院高度重视三峡库区移民和经济社会发展，适时做出了一系列决策，有序推动对口支援三峡库区持续深入开展。1992—2021 年，先后有 21 个省（自治区、直辖市）、10 个大城市以及中央和国家机关有关部门单位对口支援三峡库区 19 个县（区），有力地保障了三峡工程顺利建设和安全运行、百万移民搬迁安置和三峡库区经济社会发展。在三峡工程建设任务完成后，为了建设和谐稳定新库区，实现经济社会与环境协调发展，确保三峡工程长期安全运行和持续发挥综合效益，更好更多地造福广大人民群众，2011 年 6 月，国务院还批准实施了《三峡后续工作规划》，有力地促进了移民安稳致富和库区经济社会发展，保障了三峡库区生态安全和地质安全。三峡库区作为重要的生态功能区，国家对其提出了较高的生态环保要求。同时，三峡库区也是国内经济发展滞后的地区之一，高环保要求使该区域产业发展受限、发展成本增加。

建议国家进一步加大对三峡库区的支持帮扶力度，解决好三峡库区后续发展过程中经济发展和环境保护的矛盾，促进三峡库区民众与生态环境和谐相处，加快自然—经济—社会—环境可持续发展。一是落实好各项对口支援政策，强化专项规划实施，例如，水利部和国家发展改革委发布的《全国对口支援三峡库区合作规划（2021—2025 年）》、水利部发布的《三峡后续工作规划（2021—2025 年）实施意见》等，切实解决三峡移民安稳致富、生态环境建设与保护、地质灾害防治等问题，支持库区提升基本公共服务供给能力，加强综合管理能力建设，拓展综合效益，促进库区社会和谐稳定，实现库区更高质量、更有效率、更加公平、更可持续、更为安全的发展。二是建立和完善三峡库区生态环境补偿制度。三峡水库是中国淡水资源战略储备库，在全国生态功能区划中被列为水源涵养重要生态功能区。三峡库区已进入后续发展阶段，要实现三峡库区生态功能定位，需要守住发展底线和生态底线。这意味着三峡库区为保护环境付出了经济发展的机会成本，某些区域不开发或限制性开发的经济损失应得到下游地区、周边省份或相邻区域的经济补偿。因此，在三峡库区限制开发区和禁止开发区，生态补偿的实施是保证国家对库区生态功能区定位稳固的重要途径之一。可以进一步加大中央向三峡库区财政转移支付力度，并引导社会资金增加对三峡库区经济建设和生态环保的投入。建立三峡库区生态补偿动态调整机制，将生态补偿责任落实和成效评价结果与转移支付挂钩。进一步探索和巩固三峡库区对口协作常态化工作机制。深入发掘三峡库区森林、耕地、草地等碳储量潜力，探索性发展碳汇产业。三是重点支持三峡库区绿色产业发展。发展库区生态农业，围绕三峡库区的柑橘、榨菜、茶叶、中药材等优势特色产业，按照"一村一品"的发展路径，发展符合自身实际、主导产品突出、经营规模适度、经济效益显著的优势产业和特色产业；设计适宜的生态农业模式，优化和改善农业种植结构，积极开展农业面源污染综合治理示范区和有机食品认证示范区建设，加快发展循环农业，推行农业清洁生产，提高秸秆、废弃农膜、畜禽养殖粪便等农业废弃物资源化利用水平。对农业生态经济系统进行科学调控，实行现代集约化经营管理。发展库区生态旅游产业。与库区各区县文化、旅游等规划相结合，分析各支流沿岸景观特征及现状利用情况，评价沿岸资源优势、生态基底以及存在的问题，构建以体验、教育和认知为主的生态友好旅游模式。推动一二三产业融合发展，围绕主导产业，大力发展农产品加工业，延长产业链，深度挖掘农业功能，大力发展观光农业、休闲农业等新型业态，充分利用农村自然生态、田园景观、民族民俗文化等，积极发展结构合理、特色鲜明、乡土气息浓烈的乡村生态旅游产业。

参考文献

[1]   《百问三峡》编委会，2012. 百问三峡[M]. 北京：科学普及出版社.

[2]   蔡庆华，等，2012. 三峡水库水环境与水生态研究的进展与展望[J]. 湖泊科学，24（2）：169-177.

[3]   曹承进，等，2008. 三峡水库主要入库河流磷营养盐特征及其来源分析[J]. 环境科学，29（2）：310-315.

[4]   曹慧群，等，2019. 三峡水库磷通量变化的生态环境效应及缓解对策[C]//贾金生，等. 中国大坝工程学会 2019 学术年会论文集. 北京：中国三峡出版社：706-711.

[5]   陈国阶，1991. 三峡工程和长江生态环境对策的宏观思考[J]. 科技导报，（5）：59-62.

[6]   陈国阶，等，1995 年. 三峡工程对生态与环境的影响及对策研究[M]. 北京：科学出版社.

[7]   陈海燕，等，2016 年. 三峡库区发展概论[M]. 北京：科学出版社.

[8]   陈淼，等，2019. 三峡库区河流生境质量评价[J]. 生态学报，39（1）：192-201.

[9]   陈永柏，2009. 对三峡工程生态与环境影响评价的几点认识[J]. 水力发电，35（12）：31-33.

[10]   程辉，等，2015. 三峡库区生态环境效应研究进展[J]. 中国生态农业学报，（2）：127-140.

[11]   长江流域水资源保护局，1988. 长江三峡工程生态与环境影响文集[M]. 北京：水利电力出版社.

[12]   长江流域水资源保护局，1997 年. 长江三峡工程生态与环境问答[M]. 北京：中国水利水电出版社.

[13]   邓春光，2007. 三峡库区富营养化研究[M]. 北京：中国环境科学出版社.

[14]   冯静，等，2011. 三峡工程蓄水前后库区水质变化及对策分析[J]. 重庆师范大学学报（自

然科学版），28（2）：23-27.

[15] 官冬杰，等，2019. 三峡库区生态补偿额度测算及生态效益评估[M]. 北京：科学出版社.

[16] 郭胜，等，2011. 三峡水库蓄水后不同水位期干流氮、磷时空分异特征[J]. 环境科学，32（5）：1266-1272.

[17] 国家环保局《水生生物监测手册》编委会，1993. 水生生物监测手册[M]. 南京：东南大学出版社.

[18] 国家环境保护总局《水和废水监测分析方法》编委会，2002. 水和废水监测分析方法（第四版）[M]. 北京：中国环境科学出版社.

[19] 胡春宏，等，2019. 论三峡水库"蓄清排浑"运用方式及其优化[J]. 水利学报，50（1）：2-11.

[20] 胡正峰，等，2009. 三峡库区长江干流和支流富营养化研究[J]. 山东农业科学，（12）：74-80.

[21] 黄宇波，等，2022. 三峡水库运行对近坝区水质时空变化的影响分析[J]. 河南师范大学学报（自然科学版），50（6）：71-78.

[22] 黄真理，1998. 论三峡工程生态与环境补偿问题[J]. 科技导报，（4）：56-57，60.

[23] 黄真理，2006. 三峡水库水环境保护研究及其进展[J]. 四川大学学报（工程科学版），38（5）：7-15.

[24] 黄真理，等，2006. 三峡工程生态与环境监测系统研究[M]. 北京：水利水电出版社.

[25] 黄真理，等，2006. 三峡水库水质预测和环境容量计算[M]. 北京：中国水利水电出版社，2006年.

[26] 李辉，等，2020. 三峡库区经济发展与生态环境的时空耦合特征[J]. 水土保持通报，40（1）：243-249.

[27] 李锦秀，等，2002. 三峡工程对库区水流水质影响预测[J]. 水利水电技术，33（10）：22-25.

[28] 李世龙，2015. 新常态下三峡库区生态环境保护建设对策研究[J]. 科学咨询，（13）：9-10.

[29] 李肖男，等，2022. 三峡水库汛期运行水位运用方式研究[J]. 人民长江，53（2）：21-26，40.

[30] 李迎喜，等，2008. 三峡水库水环境保护的探讨[J]. 人民长江，39（23）：55-58.

[31] 梁福庆，2011. 三峡水库水环境保护创新研究[J]. 三峡论坛，（5）：13-16.

[32] 刘旻璇，等，2018. 试验性蓄水期三峡工程枢纽区干流江段水质分析[C]//中国工程院，等. 三峡工程正常蓄水位 175 米试验性蓄水运行十年论文集. 武汉：长江出版社：723-727.

[33] 龙良红，等，2023. 近 20 年来三峡水库水动力特性及其水环境效应研究：回顾与展望[J]. 湖泊科学，35（2）：383-397.

[34] 娄保锋，等，2011. 三峡水库蓄水前后干流总磷浓度比较[J]. 湖泊科学，23（6）：863-867.

[35] 娄保锋，等，2011. 三峡水库蓄水运用期化学需氧量和氨氮污染负荷研究[J]. 长江流域资源与环境，20（10）：1268-1273.

[36] 娄保锋，等，2015. 三峡工程成库前后库区水质研究[C]//中国水利学会. 中国水利学会 2015 学术年会论文集. 南京：河海大学出版社：417-424.

[37] 罗专溪，等，2005. 三峡水库蓄水初期水生态环境特征分析[J]. 长江流域资源与环境，14（6）：781-785.

[38] 吕关平，等，2015. 基于文献计量学的长江三峡水库研究进展[J]. 科技导报，33（9）：108-119.

[39] 钱易，2004. 论三峡水库水污染的防治[J]. 科技导报，（3）：3-6.

[40] 任骁军，等，2021. 三峡库区支流系统治理的问题和对策[J]. 三峡生态环境监测，6（3）：1-8.

[41] 孙志禹，2009. 三峡工程生态与环境保护[J]. 水力发电学报，28（6）：8-12.

[42] 陶景良，2002 年. 长江三峡工程 100 问[M]. 北京：中国三峡出版社.

[43] 田盼，等，2021. 三峡水库典型支流不同时期的水质污染特征及其影响因素[J]. 环境科学学报，41（6）：2182-2191.

[44] 王波，2009. 三峡工程对库区生态环境影响的综合评价[D]. 北京：北京林业大学.

[45] 王殿常，2009. 三峡工程生态环境影响初步评价[C]//中国科学技术协会. 第十一届中国科协年会论文集. 重庆：重庆出版社：1-9.

[46] 王小焕，等，2017. 三峡库区长江干流入出库水质评价及其变化趋势[J]. 环境科学学报，

37（2）：554-565.

[47] 文传浩，等，2022年. 三峡库区水环境演变研究[M]. 北京：科学出版社，2022年.

[48] 谢培，等，2022. 三峡水库水动力分区及总磷标准研究[J]. 中国环境科学，42（10）：
4752-4757.

[49] 徐琪，1996. 三峡工程对生态环境影响的几个重要问题[J]. 科技导报，（2）：58-59.

[50] 杨国录，等，2018. 三峡水库群生态环境调度关键技术研究[M]. 北京：科学出版社.

[51] 杨正健，2014. 分层异重流背景下三峡水库典型支流水华生消机理及其调控[D]. 武汉大
学.

[52] 杨正健，等，2021. 三峡水库支流水华与生态调度新进展[M]. 北京：水利水电出版社.

[53] 姚金忠，等，2022. 长江三峡工程水文泥沙年报（2021年）[M]. 北京：中国三峡出版社.

[54] 尹炜，等，2014. 三峡库区水质安全保障分区研究[J]. 南昌工程学院学报（4）：62-66.

[55] 尹真真，等，2014. 三峡水库蓄水前后长江干流主要污染物浓度变化趋势分析研究[J]. 环
境科学与管理，（3）：42-45.

[56] 印士勇，等，2011. 三峡工程蓄水运用期库区干流水质分析[J]. 长江流域资源与环境，20
（3）：305-310.

[57] 余明星，等，2011. 三峡水库蓄水前后干流水质特征与变化趋势研究[J]. 人民长江，42
（23）：34-38.

[58] 余明星，等，2012. 三峡库区重点饮用水源地检测分析与安全评估[J]. 人民长江，43（12）：
17-19.

[59] 原环境保护部（国家环境保护总局），1997-2017. 长江三峡工程生态与环境监测公报
（1997-2017）[R]. 北京

[60] 翟婉盈，等，2019. 三峡水库蓄水不同阶段总磷的变化特征[J]. 中国环境科学，39（12）：
5069-5078.

[61] 翟俨伟，2012. 三峡库区生态环境面临的主要问题及治理对策[J]. 焦作大学学报，26（1）：
90-93.

[62] 罗固源，等，1999. 三峡库区水环境富营养化污染及其控制对策的思考[J]. 重庆建筑大学

学报，（3）：1-4.

[63] 臧小平，等，2014. 三峡水库水环境研究[M]. 武汉：长江出版社.

[64] 张彬，2013. 三峡水库消落带土壤有机质、氮、磷分布特征及通量研究[D]. 重庆：重庆大学.

[65] 张晟，等，2009. 三峡水库支流回水区营养状态季节变化[J]. 环境科学，30（1）：64-69.

[66] 张瑶，等，2013. 成库初期三峡库区河段水位变化研究[J]. 中国水运（上半月），（12）：42-44.

[67] 张国栋，等，2009. 三峡库区生态环境现状及对策研究[J]. 资源环境与发展，（2）：26-28.

[68] 张佳磊，等，2012. 三峡水库试验性蓄水前后大宁河富营养化状态比较[J]. 环境科学，33（10）：3382-3389.

[69] 张述太，等，2010. 三峡水库大宁河库湾水环境的时空变化特征[J]. 水生态学杂志，03（2）：1-8.

[70] 张馨月，等，2019. 三峡大坝上下游水质时空变化特征[J]. 湖泊科学，31（3）：633-645.

[71] 郑守仁，2011. 三峡工程设计水位 175m 试验性蓄水运行的相关问题思考[J]. 人民长江，42（13）：1-7.

[72] 郑守仁，2018. 三峡工程在长江生态环境保护中的关键地位与作用[J]. 人民长江，49（21）：1-8，19.

[73] 郑守仁，2019. 三峡工程 175 米试验性蓄水运行期的科学调度优化运行试验[J]. 长江技术经济（1）：5-10.

[74] 郑守仁，等，2004. 三峡工程与生态环境[C]//政策研究中心. 联合国水电与可持续发展研讨会文集. 北京：中国环境出版社：989-995.

[75] 中国工程院三峡工程试验性蓄水阶段评估项目组，2014. 三峡工程试验性蓄水阶段评估报告[M]. 北京：科学出版社.

[76] 中科院环境评价部，等，1996. 长江三峡水利枢纽环境影响报告书（简写本）[M]. 北京：科学出版社.

[77] 朱惇，等，2021. 三峡库区江段潜在水环境污染风险评价研究[J]. 长江流域资源与环境，

30（1）：180-190.

[78]　卓海华，等，2017. 三峡水库水质变化趋势研究[J]. 长江流域资源与环境，26（6）：925-936.

[79]　邹家祥，等，2016. 三峡工程对水环境与水生态的影响及保护对策[J]. 水资源保护，32（5）：136-140.

[80]　Huang Y L, et al., 2014. Nutrient spatial pattern of the upstream, mainstream and tributaries of the Three Gorges Reservoir in China[J]. Environmental Monitoring and Assessment: An International Journal, 186-10.

[81]　Rong X, et al., 2021. Water quality variation in tributaries of the Three Gorges Reservoir from 2000 to 2015[J]. Water Research, 195: 116993

[82]　Rong Xiang, et al., 2021. Temporal and spatial variation in water quality in the Three Gorges Reservoir from 1998 to 2018. Science of The Total Environment. 768: 144866

[83]　Smith VH., 1983. Low nitrogen to phosphorus ratios favor dominance by blue-green algae in lake phytoplankton[J]. Science, 221: 669-671.

[84]　Yang Z. 2015. The research of eutrophication and algal blooms in the tributaries of three gorges reservoir[J]. Energy education science and technology, Part A. Energy science and research, （3）: 33.

[85]　Zhe Li, et al., 2019. Water quality trends in the Three Gorges Reservoir region before and after impoundment（1992–2016）. Ecohydrology & Hydrobiology, 19（3）: 317-327.